W0057957

NAVIGIEREN IN ZEITEN DES UMBRUCHS

Fredmund Malik

NAVIGIEREN IN ZEITEN DES UMBRUCHS

Die Welt neu denken und gestalten

Campus Verlag
Frankfurt/New York

ISBN 978-3-593-50453-7 Print
ISBN 978-3-593-43206-9 E-Book (PDF)
ISBN 978-3-593-43204-5 E-Book (EPUB)

Umschlaggestaltung: Guido Klütsch, Köln
Satz: Publikations Atelier, Dreieich
Gesetzt aus: Sabon und Neue Helvetica
Druck und Bindung: Beltz Bad Langensalza
Printed in Germany

www.campus.de

INHALT

VORWORT

Navigieren ist die Kunst des Steuermanns. Navigieren heißt, den Standort feststellen, das Ziel festlegen und den Weg dorthin steuern.

Die höhere Form des Navigierens ist die Fähigkeit, sich im Unbekannten zurechtzufinden – dann, wenn die Standorte ungewiss, die Ziele beweglich und die Wege vielfältig sind.

In diesem Buch beschreibe ich die neuen Methoden des Navigierens in einer Neuen Welt, darunter auch Denkprinzipien und Regeln des Handelns bei Ungewissheit und hoher Komplexität.

Die Neue Welt, von der hier die Rede sein wird, ist zwar in vielen Dimensionen noch unbekannt. Was kann man aber dennoch schon wissen? Vielleicht wissen wir bereits viel mehr als wir heute meinen.

So wissen wir etwa, dass das Neue komplex sein wird. Das wird die größte Herausforderung für Führungskräfte sein. Das gilt auch für Organisationen aller Art – für Wirtschaftsunternehmen ebenso wie Krankenhäuser, für Verwaltungsorganisationen genauso wie für Schulen, für Städte und für Staaten.

Wir wissen, dass all diese Organisationen trotz wachsender Komplexität funktionieren müssen, aber und gerade mit Komplexität immer besser und neu funktionieren können. Wir kennen Methoden und Instrumente für den richtigen Umgang mit Komplexität, und für das Meistern von Komplexität haben wir systemkybernetisches Management.

Also können wir – trotz aller Ungewissheiten und Unsicherheiten – durch die Zeit des Umbruchs navigieren. Dabei werden wir mit jedem unserer Schritte mehr erfahren, denn so sind komplexitätsgerechte Methoden und Modelle mit ihren Feedbacks angelegt.

Die Neue Welt entsteht durch die Große Transformation21, wie ich 1997 den fundamentalen Umwandlungsprozess nannte. Sie befreit die Alte Welt von organisatorischen und manageriellen Beschränkungen, um besser zu funktionieren, um Neues zu denken und zu gestalten.

Ich danke dem Team des Campus Verlags, vor allem Frau Dr. Judith Wilke-Primavesi und Frau Selina Hartmann. Mein besonderer Dank gilt Frau Mag. Tamara Bechter für die gute Zusammenarbeit. Ohne sie würde es dieses Buch so nicht geben.

Fredmund Malik
St. Gallen, im Juni 2015

Kapitel 1

WARUM NEU DENKEN?

Wo stehen wir? Was geht »da draußen« vor? Wie kann ich mich zurechtfinden? Was soll ich tun? Vielen fehlt die nötige Orientierung, um sich in der Komplexitätsgesellschaft zurechtzufinden. Zuverlässig Orientierung zu bekommen, ist für Führungskräfte aller Organisationen der Gesellschaft zur großen Herausforderung geworden. Aber nicht nur für diese, sondern für die meisten Menschen überhaupt.

Thesen

1. Wenn sich, wie derzeit, die Nein-Sager häufen, die einem erklären, was *nicht* geht und was *nicht möglich* ist, so ist das ein Indiz für Zeiten des Umbruchs. Was einmal richtig war, ist plötzlich falsch. Viele erkennen im Neuen nur das Alte und richten ihr Handeln daher exakt falsch aus. In einem Umbruch ist das ein dominantes Muster.
2. Wirtschaft und Gesellschaft stehen global in einer der geschichtlich größten Transformation von der

Alten Welt, wie wir sie kennen, in eine Neue Welt, die wir noch nicht kennen. Durch diese Transformation wird sich fast alles ändern: *Was* wir tun, *wie* wir es tun und *warum* wir es tun – und auch *wer* wir sind.

3. Die größte Herausforderung der Neuen Welt ist ihre immense Komplexität. Komplexität ist der Hauptgrund für die wachsende Zahl von lokalen und globalen Krisen.

4. Deren Ursprung liegt in veralteten Organisationen und ihrer wachsenden Unfähigkeit, Komplexität zu meistern. Immer mehr Organisationen sind überfordert, langsam, ineffizient und gelähmt.

5. Diese Unfähigkeit resultiert aus falsch programmierten Navigationssystemen, aus Strukturen des vorigen Jahrhunderts, aus einem veralteten Managementverständnis sowie überholten Methoden und Instrumenten des Steuern, Lenkens und Gestaltens.

6. Aus dieser Unfähigkeit heraus reagieren immer mehr Organisationen mit der falschen Strategie: Sie wollen Komplexität reduzieren, um weiterhin an ihrem veralteten Funktionieren festhalten zu können. Sie sehen Komplexität ausschließlich negativ. Damit verhindern sie Lösungen und tragen zur Verschärfung von Krisen bei.

7. Die richtige Strategie ist das Nutzen von Komplexität. Nur daraus entstehen Lösungen. Denn Komplexität ist der Rohstoff für Intelligenz, Innovation und Evolution, für Selbstregulierung und Selbstorganisation, und für alle höheren Leistungen. Komplexität

ist der Baustoff für die Neue Welt und ihre neuen Organisationen. Das Gelingen der Großen Transformation21 hängt somit wesentlich davon ab, das organisatorische »Gewebe« der Gesellschaft und dessen Management grundlegend zu reformieren.

8. Das Wissen über Komplexität und wie man sie meistert, ist die wichtigste Ressource für funktionierende Organisationen. Es ist ein systemkybernetisches Wissen, das wichtiger ist als Zeit und Energie. Information über Kybernetik wird wichtiger als Geld, Selbstorganisation wird wichtiger als Macht.

9. Dies betrifft auch die Gesellschaft als Ganzes. Ihre bisherigen politischen Ordnungskategorien der polaren Gegensätze von Kapitalismus und Sozialismus sind überholt, weil sie in der Komplexitätsgesellschaft weder Orientierung geben noch Probleme lösen. An ihrer Stelle brauchen wir eine neue Systemintegration – den *humanen Funktionismus* – als Orientierungsraster für das Navigieren durch die Umbruchzeiten.

Kapitel 2

DIE GROSSE TRANSFORMATION21

> »Gerade unser Verständnis der Welt beeinflusst
> die Bedingungen der sich wandelnden Welt.«
> *Karl Popper*

Ein Zeichen unserer Zeit?

Mehr als je zuvor treffe ich auf allen – selbst den obersten Führungsebenen – auf Menschen, die mir erklären, was nicht geht, auch unter jenen, die so etwas früher nie gemacht haben.

Mittlerweile scheint es mir fast ein Zeichen der Zeit zu sein, dass die Zahl der notorischen Nein-Sager stetig steigt, und wenn ich die Zögerer und Zauderer noch hinzuzähle, dann ist es schon die Mehrheit. Aus dem früheren »Alles ist möglich« ist beinahe ein »Nichts mehr ist möglich« geworden.

Die heutigen Nein-Sager sind aber anders als die früheren. Denn sie sind meistens nicht einfach »nur so dagegen«, sondern sie haben gute Gründe für ihre ablehnende Haltung. Viele haben sogar Recht, denn tatsächlich geht vieles nicht oder nicht mehr.

Ich nehme das als ein Indiz dafür, dass der zwar schon lange, aber doch noch gebremst vor sich gehende Wandel nun in die Phase der Beschleunigung und Intensivierung kommt. Die Menschen spüren, dass sich in immer mehr Bereichen der Gesellschaft Grundlegendes ändert, und dass es irreversibel sein wird. Aber die meisten können sich keinen Reim darauf machen. Sie erleben auch immer stärker und bewusster, dass ihnen Orientierung fehlt.

In der Alten Welt geht vieles *nicht mehr*, weil sie ihrem Ende zugeht. In der Neuen Welt geht vieles *noch nicht*, weil es noch nicht richtig da oder noch nicht reif genug ist. Gerade deshalb ist es in allen Organisationen eine der Kernaufgaben der Führung, nach Wegen zu suchen, auf denen es *dennoch* geht. Es geht um das Navigieren in turbulenten Zeiten des Umbruchs. Wir betreten Neuland und wissen noch nicht, wie wir damit umgehen werden.

Von der Alten Welt zu einer Neuen Welt

Wirtschaft und Gesellschaft aller Länder gehen durch eine der größten Transformationen, die es in der Geschichte je gab. Wir sind Zeitzeugen einer umwälzenden Transformation der Alten Welt, wie wir sie kennen, in eine Neue Welt des noch Unbekannten. Es ist die Entstehung einer grundlegend neuen Ordnung und eines neuen gesellschaftlichen Funktionierens – eine gesellschaftliche ᴿEvolution einer neuen Art.

Was an der Oberfläche wie eine Finanz-, Wirtschafts- oder Schuldenkrise aussieht, kann man eine Dimension größer besser verstehen als die Geburtswehen einer Neuen Welt, in der fast alles anders sein wird als bisher. Selbst wenn der Wandel später rückblickend weniger gravierend sein sollte, so hätte man strategisch keinen Fehler gemacht. Herausforderungen zu überschätzen, ist weniger gefährlich als das Gegenteil.

Ein besonderer Wandel

Wie unterscheidet man eine Transformation von Innovationen und üblichem Wandel, die es in einer offenen Wirtschaft und globalen Gesellschaft immer gibt? Ein Teil ist Wissen, über mehrere Gebiete und ihre Zusammenhänge, auch über Geschichte. Ein anderer Teil ist Beobachten. Selbst hinschauen und nicht nur Medien konsumieren. Noch ein Teil ist Fragen. Nicht nur nach der Bottom Line, sondern auch mal nach der Top Line. Die Welt mal auf den Kopf stellen. Aber immer wieder derselben heuristischen Frage nachgehen: *Stimmt denn das wirklich?* Der vierte Teil ist Systemdenken: die Fähigkeit, ganzheitlich zu sehen und zu denken, Verknüpfungen nicht auszublenden, Vernetzungen herzustellen und auf die sich darin zeigenden Muster zu achten. Und dann braucht man auch die richtigen Methoden, um alles »auf die Reihe« zu bringen.

Oder viel mehr gerade nicht »auf die Reihe«, denn das wäre linear gedacht – sondern in den Zusammenhang bringen. Hans Ulrich, der Begründer der St. Galler Systemorientierten Managementlehre, hat es klar gesagt: *»Ganzheitliches Denken ist kreativ, weil es bisher unverbunden Gedachtes verbindet und so erst Muster schafft, in die wir das Einzelne einordnen und damit verstehen können.«*

Wesentlich ist, die Puzzleteile zu einem System zu vernetzen, zu einem kohärenten Ganzen. In der Zusammenschau treten plötzlich Dinge auf, die man bei getrennter Betrachtung nicht erkennen kann – weil es sie dort nicht gibt. Für dies braucht man Modelle, die als »Knowledge Organizer« Navigationshilfen für das Unbekannte sind.

Die Aufgabe ist weniger, ständig nach neuen Daten zu suchen, wie es in der empirischen Sozialforschung üblich, ja zur hirnlosen Manie geworden ist. Früher musste man das anders sehen, denn Daten waren ein fast unüberwindbarer Engpass. Heute haben wir aber mehr Daten, als wir zumeist brauchen und als wir sinnvoll verarbeiten können. Es ist ein Märchen, dass mehr Wissen aus mehr Daten folgt und dass aus mehr Wissen mehr Erkenntnis resultiert.

Weit wichtiger ist die Aufgabe, nach der Bedeutung der vorhandenen Daten zu fragen. Die Bedeutung erschließt sich über Beziehungen, die im Datenmaterial verborgen sind oder – oft wichtiger – zwischen den Daten hergestellt werden können.

Kopernikus, der die Transformation vom geozentrischen zum heliozentrischen Weltbild herbeiführte, tat dies nicht durch das Sammeln von mehr Daten. Er hatte dieselben Daten, Beobachtungen und Sinneseindrücke wie jeder seiner Zeitgenossen. Seine besondere Leistung sehe ich darin, dass er *anders* nach der Bedeutung der Daten fragte. Dabei erkannte er, dass aus den exakt gleichen Daten nicht zwingend nur das geozentrische Weltbild folgte, sondern auch dessen Gegenteil: das heliozentrische Weltbild.

Ein Navigieren im Umbruch verlangt von Führungskräften der Gesellschaft überwiegend diese kopernikanische Fähigkeit. Dafür muss niemand ein Genie sein. Auf weite Strecken genügt ein bestimmtes Handwerk. Aber welches?

Etwa 1 400 Jahre lang hatte so gut wie niemand das geozentrische Weltbild infrage gestellt. Kopernikus war derjenige, der das Umdenken nachhaltig in einer Zeit einleitete, in der die Gesellschaft sich im Wandel befand, und althergebrachte Vorstellungen angezweifelt, manchmal sogar über Bord geworfen wurden. Nur ungefähr 100 Jahre zuvor wurde der Buchdruck erfunden und damit der Zugang zu Wissen erleichtert. Es war die Zeit der Reformation, der Kirchenspaltung, religiöser Unruhen, der Bauernaufstände. Das bestehende soziale System war ins Wanken geraten.

Zu Kopernikus' Lebzeiten blühte die Seefahrt auf, Seefahrer benötigten dringend genaue astronomische Daten, um sich auf den Weltmeeren nicht zu verfahren. Die Regeln des Navigierens, wie sie die Seefahrer kannten, waren nicht außer Kraft gesetzt. Die Sterne, die Sonne und die Erde mit ihren physikalischen Gesetzen waren dieselben wie zuvor. Neu aber wurden die Beziehungen dazwischen gesehen. Es dauerte, bis das alles zusammenkam, aber dann hatten sich die Grenzen der bekannten Welt grundlegend verschoben.

Das Beispiel zum Verlauf der Kopernikanischen Wende ist deshalb wichtig, weil sich fundamentale Transformationen so langsam und in so langen Zeiträumen abspielen, dass man ihre Bewegungen nicht in einem üblichen Wortsinne *sehen* kann. Man braucht ein geschultes Auge und spezielle Instrumente, um Große Transformationen zu beobachten und überhaupt zu entdecken. Gerade das ist für das Navigieren typisch. Aus Medien und Internet erfahren wir heute zwar beliebige Mengen von topaktuellen Einzelereignissen, von Daten und Fakten. Was sie aber für uns bedeuten, die Kohärenz zwischen ihnen – »the patterns which connect« – müssen wir fast immer selbst (er)finden.

Als ich 1997 an meinem Buch über Corporate Governance und meiner scharfen Kritik am amerikanischen Shareholder Approach arbeitete, schrieb ich auch ein Kapitel mit der Überschrift »Die Große Transformation«. Darin analysierte ich den sozio-politischen und wirtschaftlichen Wandel, der bereits im Gange war. Wichtige Quellen dafür waren mir unter anderem Karl Polanyi und Peter F. Drucker, die auf ihre je verschiede Weise solche Prozesse beschrieben hatten. Beide kannten sich gut. Während Polanyi an seinem bekannten Standardwerk zur Großen Transformation unter dem ersten Titel *The Origins of Our*

Time arbeitete, schrieb Drucker *The Future of Industrial Man.* Der gegenseitige Einfluss macht sich bemerkbar, auch wenn beide völlig andere Auslegungen vorlegten. Beide Autoren sind jedoch auf ihre Art und Weise noch heute aktueller als vieles, was neueren Datums zu lesen ist.

Den Begriff »Transformation« verwendet Peter F. Drucker auch als Überschrift der Einführung zu seinem 1993 publizierten Buch *Post Capitalist Society.* Dort skizziert er unter anderem die großen Entwicklungslinien vom Kapitalismus zur Wissensgesellschaft und vom Nationalstaat zum transnationalen Megastaat.

Mit meiner eigenen Begriffswahl vollziehe ich die Integration einiger der bisherigen Bedeutungen in einen universellen fundamentalen Umwandlungsvorgang für das 21. Jahrhundert. Unter anderem ist dieser Prozess durch exponentiell wachsende Komplexität, durch die Entstehung global vernetzter Systeme und durch die Dynamik des sich selbst beschleunigenden Wandels charakterisiert. Dies führt zu historisch neuen Herausforderungen, deren Meistern vor allem radikal innovative bionische Organisationsformen, kybernetische Systeme für Management, Governance und Leadership sowie revolutionär wirksame Sozialtechnologien erfordert.

In der Praxis, in meiner Zusammenarbeit mit Führungskräften in Unternehmen und anderen Organisationen, in Seminaren und Workshops stellte ich aber fest, dass in den 1990er Jahren den meisten Führungskräften ganzheitliches Denken fremd war. Heute sind Nachhaltigkeit und Systemdenken häufig benutzte Schlagworte in den Entscheider-Etagen.

Diesen Wandel zu verstehen, war 1997 für mich wichtig für die Bestimmung der richtigen Art von Corporate Governance, die wir für das zuverlässige Funktionieren von großen Unternehmen und – das möchte ich betonen, weil es vielen fremd ist – allen anderen Formen von Organisationen brauchen würden. »Funktionieren« ist mein allgemeinster Begriff für das zuverlässige und optimale Arbeiten einer Organisation entsprechend ihrem Zweck. Das war das Thema meines Buches.

Ich war überzeugt, dass die durch das Buch von Alfred Rappaport 1986 eingeleitete Doktrin des damals vorherrschenden Shareholder Values eine massive Fehlentwicklung in der Führung der Unternehmen war. Noch stand sie aber in voller Blüte und war sogar im Aufschwung. Für mich war klar, dass sie nicht überleben, aber bis zu ihrem Untergang noch immensen Schaden anrichten würde.

Zu den frühen Vorzeichen einer Neuen Welt rechnete ich Norbert Wieners Buch *Cybernetics, or control and communication in the animal and the machine* aus dem Jahr 1948, und das Buch *Cybernetics and Management* von Stafford Beer aus dem Jahr 1959, das eine erste Anwendung von Wieners *Cybernetics* auf das Management von großen Organisationen war. Für mich selbst waren diese Arbeiten der Beginn einer spannenden Reise.

Was ich damals in meinem Buch beschrieben habe, ist heute zu einem guten Teil Realität. Vermutlich stehen wir aber erst am Ende des ersten Drittels dieser fundamentalen Transformation, die weit mehr ist als ein Paradigmenwechsel. Sie ist ein kategorialer Wandel.

Die Welt von 1997

Blenden wir zurück ins Jahr 1997, als ich das erwähnte Buch veröffentlichte. Wer damals geboren wurde, ist heute 18 Jahre alt. Unter anderem hat er oder sie mindestens ein Smartphone und einen Computer, verbringt damit viele Stunden pro Tag im Internet, ist in verschiedenen Social Media unterwegs, und wer was wissen will, googelt – ein Verb, das bis vor kurzem niemand kannte.

1997 gab es davon noch nichts. Google wurde erst ein Jahr später gegründet, aber das war ein Non-Event. Das Arbeiten mit Algorithmen gab es hingegen schon lange. Wer davon wusste, dem war aber klar, dass hier nun mehr passierte, als nur ein neuer Hype. Ob es Google oder eine andere Firma sein würde, war dabei sekundär. Das Prinzip der Anwendung von Algorithmen war technisch verwirklicht und für die Massenanwendung verfügbar.

Das Produkt selbst war bereits 1948 da – die Maschinen aber noch zu langsam, die Leitungen noch zu schwach. Das würde sich ändern. Die Auswirkungen würden gigantisch sein, und zwar auf unser ganzes Leben. Es brauchte nicht viel Fantasie, um zu sehen, dass davon unsere Entwicklungsmöglichkeiten in zahlreiche Richtungen betroffen waren, aber auch unsere Privatsphäre, unsere Freiheitsrechte und unserer Sicherheit. 2004 ging Google dann an die Börse.

Bereits 1975 schrieb Stafford Beer, der Begründer der Managementkybernetik, in *Platform for Change* über Algorithmen und den »Data Trail«. Dort hat er auch beschrieben, wie man damit User-Profile machen kann und wofür diese verwendet werden können – zum Beispiel auch, um die schon damals gigantischen Streukosten im Marketing zu reduzieren. Diese Techniken wurden schon für die Massenspionage in der Zeit des Kalten Krieges eingesetzt. Im selben Buch (1975!) gibt es auch ein Kapitel mit der Überschrift »Science and the mass media«. Die heutigen Herausforderungen der Medien wurden von Beer bereits vorweggenommen.

1997 schrieb ich zum Hype der damaligen »New Economy«: »Was immer computerisiert werden kann, wird computerisiert – und was automatisiert werden kann, wird es auch«. Das war Standard-Thema meiner Innovationsseminare. Die Digitalisierung hatte bereits begonnen. Ein Smartphone gab es 1997 aber noch nicht.

Das erste iPhone kam erst 2007 auf den Markt. Allein dadurch hat sich fast alles verändert, und zwar zumeist radikal: unsere Kommunikation, viele unserer Lebensweisen, unsere Interessen und unsere Werte, die Fragen von Safety und Security unserer Daten bis hin zu Terror und Terrorbekämpfung.

Der Finanzplatz Schweiz war 1997 noch in bester Verfassung. Schon ab März 2000 sollte aber ein Finanzsturm über Zürich fegen, weil die Weltbörsen zum ersten Mal nach mehr als 20 Jahren beinahe kollabierten. Das Finanzsystem stand auf der Kippe. Es folgten 9/11, Terror, Amerikas Abschied von den Freiheitsrechten, Irakkrieg, Nordafrika, 1999 die erste Osterweiterung der NATO, eine neue geopolitische Weltordnung, die nahtlos in die Konflikte von heute führt. 2008 kam die zweite Finanzkrise mit noch weit größeren Schäden als die erste. Ein Finanz-Tsunami überrollte die Welt wie wir sie kannten, und das angeblich beste Finanzsystem aller Zeiten stand vor dem Kollaps.

»Klassisches Management«: ein Auslaufmodell

Es wurde immer deutlicher, dass die herkömmlichen Managementvorstellungen Auslaufmodelle waren, ja dass es gerade dieses veraltete Management war, das die Fehlentwicklungen ungewollt herbeiführte. Es war einfach zu schwach und vor allem zu kurzfristig orientiert, um mit den Herausforderungen mitzuhalten – es konnte in dieser neuen Komplexität weder steuern, lenken noch kontrollieren – von *gestalten* konnte gar nicht erst die Rede sein.

Das kam nicht unerwartet, denn diese Art von Management hatte ihre Wurzeln tief im vorigen Jahrhundert – in einer noch weit einfacheren und auch langsameren Welt. Für das Meistern der rasch wachsenden Komplexität und für die Dynamik der immer stärkeren globalen Vernetzung würde man neue Denkweisen und Instrumente brauchen.

Die unter Umständen größten Changes würden daher in Organisation und Management stattfinden, nicht in der Ökonomie. Anhand von noch schwachen Signalen war doch schon zu erkennen, dass die meisten Organisationen der Gesellschaft – weit über die Wirtschaftsunternehmen hinaus – vor radikalen Änderungen stehen würden. Um diese erfolgreich zu bewältigen, würden sie neue Managementsysteme brauchen und damit ihr Funktionieren grundlegend verändern. Alle Komponenten der Managementsysteme wie Strategie, Struktur, Prozesse, Kultur, die Kompetenzen der Führungskräfte selbst, die Policies und Missions sowie die Navigationssysteme, die Entscheidungs- und Problemlösungsprozesse und die Kommunikationssysteme würden sich anpassen und zu einem erheblichen Teil radikal ändern müssen. Diese Entwicklung ist seither in vollem Gange. Sie beschleunigt sich nun unter dem Einfluss immer schneller kommender Innovationen auf fast jedem relevanten Gebiet.

Nun wurde offenkundig, wie weitsichtig die Gruppe rund um Hans Ulrich im schweizerischen St. Gallen schon Anfang der 1970er Jahre begonnen hatte, altes Management zu ersetzen durch ein systemtheoretisch und kybernetisch fundiertes Managementmodell. Lineares Denken wurde durch zirkulär-kybernetische Modelle abgelöst, und rein betriebswirtschaftliches Denken durch ganzheitlich-interdisziplinäres Denken. 1972 präsentierte Ulrich zusammen mit Walter Krieg sein Managementmodell am 3. St. Galler Management-Symposium, das Benedict Hentsch und ich als junge Präsidenten des ISC-Studentenkommitees mitorganisierten.

Ebenfalls bereits damals wurde die erste Club of Rome-Studie mit dem Titel *Die Grenzen des Wachstums (Limits to Growth)* von Dennis Meadows et al. präsentiert. Das ist nun mehr als 40 Jahre her. Hans Ulrich, zu dessen Forschungsgruppe ich gehörte, und Walter Krieg, der Projektleiter, waren ihrer Zeit weit voraus. Das St. Galler Managementmodell war eine Sensation und Revolution in der Betriebswirtschaftslehre, besonders auch deswegen, weil der Lehrplan der Hochschule St. Gallen damals maßgeblich auf eine Managementausbildung ausgerichtet wurde. Das war im deutschsprachigen Raum einzigartig. Schon bald aber entstanden neue systemorientierte Lehrstühle.

Fast alles wird sich ändern

Dieser große Transformationsprozess ist längst nicht zu Ende. Kaum eine Branche oder ein gesellschaftlicher Sektor werden sich aus Strömungen des Wandels heraushalten können.

Noch größer als in der Wirtschaft werden die Change-Herausforderungen für die öffentlichen Organisationen sein. Mit ihren heutigen Strukturen, Abläufen und Entscheidungsprozessen können sie nicht überleben. Gesundheits- und Bildungswesen, öffentlicher Verkehr, der Energiesektor, die Gewerkschaften sowie Verwaltung und Regierung stehen vor grundlegenden Veränderungen.

Wenn wir tatsächlich – wie ich vermute – heute im ersten Drittel dieser Transformation stehen, bedeutet dies, dass sie jetzt erst wirklich in Schwung kommt. In wenigen Jahren schon wird, wie ich in den Thesen eingangs formulierte, gegenüber heute fast alles neu und anders sein: *was* wir tun, *wie* wir es tun und *warum* wir es tun – wie wir produzieren, transportieren, finanzieren und konsumieren; wie wir erziehen, lernen, forschen und innovieren; wie wir informieren, kommunizieren und kooperieren, wie wir arbeiten und leben. Und als Folge ändert sich auch, *wer* wir sind ...

Die gesamten sozialen Funktionsmechanismen verändern sich grundlegend, global und irreversibel. Millionen von Organisationen jeder Art und Größe müssen umgebaut werden und sich anpassen, weil sie den neuen Anforderungen nicht mehr genügen. Quer durch die Generationen werden die Menschen herausgefordert sein, umzudenken und umzulernen. Darin liegt eine einzigartige Chance, sich vom Denkmüll der letzten Jahrzehnte zu befreien und neue Erkenntnisse und neues Verstehen zu erlangen.

Dieser Jahrhundertprozess der grundlegenden Umwandlung verändert auch die Regierungsformen, die Praxis der demokratischen Prozesse, die Formen der Meinungs- und Willensbildung, der Kommunikation, Partizipation und Koordination sowie die Methoden der gesellschaftlichen Konflikt- und Problemlösung.

Der große Umwandlungsprozess transformiert die Wirtschaft und ihre Organisationen bis in ihre Kapillaren und verändert auch die Menschen selbst, ihr Denken und Fühlen, ihre Zwecke, Ziele und Werte sowie ihren Lebenssinn.

Geburtswehen einer Neuen Welt

Was »da draußen« geschieht, geht weit über eine gewöhnliche Finanz- und Wirtschaftskrise hinaus, erst recht über eine solche, nach deren »Bewältigung« die Welt zum vorherigen Status zurückkehren könnte. Eben das haben Politik und Zentralbanken im Wesentlichen bisher aber zu bewirken versucht.

Andere tiefgreifende Veränderungen, etwa in Technologie und Wissenschaft sowie in den sozialen Wertestrukturen der Menschen, insbesondere der jungen Generation, in ihrer Weltperspektive und ihrem Weltgefühl, sind schon so weit fortgeschritten, dass man sie nicht mehr stoppen kann. Man sollte dies gar nicht versuchen, sondern im Gegenteil diesen Wandel beschleunigen und in konstruktive Richtungen lenken. Ein Zurück ist weder möglich noch wünschenswert.

So wie eine Raupe in einer für den Beobachter unsichtbaren, aber dramatisch verlaufenden Metamorphose zu einem Schmetterling wird, für den so gut wie nichts mehr so ist wie für die Raupe, wird in der Neuen Welt nur Weniges noch so sein wie in der Alten Welt.

Während die Raupe den Naturgesetzen der Geodynamik unterworfen ist, so muss sich der Schmetterling in der ganz anderen Welt der Aerodynamik behaupten. Dafür braucht der Schmetterling aber ein anderes System des Funktionierens als die Raupe, er braucht andere Sinnesorgane, andere Nervenschaltungen und ein anderes biologisches Navigationssystem. Zwar sind die geodynamischen Gesetze deswegen für ihn nicht ungültig, aber ihre Relevanz hat sich für den Schmetterling gänzlich verändert.

Analog dazu war die Alte Welt vorwiegend durch die Gesetze des Geldes und der Ökonomie geprägt, während die Neue Welt durch die Gesetze von Information, Wissen, Erkenntnis, Komplexität und Dynamik hochvernetzter Systeme dominiert wird.

Schon jetzt kann man das ohne Prognosebedarf an zahlreichen bereits eingetretenen neuen Realitäten festmachen, die sich spätestens seit dem Zusammenbruch des Sowjet-Kommunismus einen Weg in die Strukturen der globalen Gesellschaften zu bahnen begannen und dabei fortgesetzt schneller die Regeln des gesellschaftlichen Funktionierens veränderten. Darunter ist das Internet nur das allgemein sichtbarste Beispiel. Der Kollaps des Kommunismus ist durch damals bereits wirksam werdende neue Realitäten ausgelöst, gefördert und beschleunigt worden. Zwar versagte auch die Wirtschaftsordnung, aber weit stärker wirkten sich kybernetische Kräfte von Control and Communication aus.

Wissen bricht Geld und Information bricht Macht, wie ich es 2008 in *Unternehmenspolitik und Corporate Governance* formulierte. Damit sind wir im Zentrum der Neuen Welt. Ihr beherrschendes Merkmal ist ihre proliferierende, exponentiell wachsende Komplexität.

Ökonomie genügt nicht

Mit ökonomischem Denken allein, wie es seit Ausbruch der Finanzkrise dominiert, kann diese Transformation nicht verstanden werden, weil sie weit mehr ist als ein finanzielles oder wirtschaftliches Phänomen. Dass die Krise nicht primär eine Wirtschaftskrise ist, ergibt sich auch daraus, dass nahezu die gesamte Ökonomie den Zusammenbruch vom September 2008 nicht kommen sah, obwohl dieser sich spätestens seit dem Sommer 2007 an den amerikanischen Börsen abzeichnete. Die ersten Risse im System waren bereits im März 2000 erkennbar.

Wirtschaftskrisen, Börsenkollaps, Großkonkurse und Massenentlassungen sind das Ergebnis naiver Hochrechnungen. Wie immer sind vermeintliche Trends linear fortgeschrieben worden; auch noch so fantastische

Extrapolationsresultate haben keine Zweifel an den verwendeten Methoden und den dahinter stehenden Denkweisen geweckt. Einmal mehr wurde nicht bedacht, dass die Wirtschaft nicht durch mechanistisches Kausaldenken erfasst und gelenkt werden kann, sondern dass sie ihre eigenen inneren Gesetzmäßigkeiten und Funktionsmuster hat. Je mehr man bombastisch von Wissensmanagement redete, umso mehr Wissen wurde ignoriert. Ein Programm zum Desaster.

Mit den geeigneten Tools waren aber, wie ich sagte, die drohenden Gefahren schon weit früher, teilweise sogar in den 1990er Jahren sichtbar, was ein Standardthema meiner Seminare, Vorträge und Publikationen war.

Noch im Sommer 2008, drei Monate vor dem Lehman-Desaster, prognostizierten 98 Prozent der amerikanischen Ökonomen sowie die deutschsprachigen Konjunkturinstitute praktisch unisono für 2008 ein Wirtschaftswachstum von 2,5 bis 3,5 Prozent, und von ganz wenigen, nur selten wahrgenommenen Ausnahmen abgesehen, war nirgends ein Hinweis zu hören auf den Sturm, der sich längst zusammengebraut hatte und kurz vor dem Losbrechen war.

Die Blindheit für das Debakel, das drei Monate später die Welt erschütterte, war aber weniger das Versagen der Ökonomie, wie häufig behauptet wird. Weit eher ist das ein starkes Indiz dafür, dass im Kern etwas ganz anderes vor sich geht, was mit den Mitteln der herkömmlichen Ökonomie gar nicht gesehen werden *konnte*.

Dennoch können die direkten finanziellen und wirtschaftlichen Dimensionen der Großen Transformation an Bedeutung und Risikopotenzial kaum hoch genug eingeschätzt werden. Sie werden das Geschehen für viele Jahre prägen. Die herausfordernden Phasen der Krise liegen noch vor uns.

Inflation wird es bei der gegebenen Verschuldung nicht geben, obwohl das so gut wie alle Ökonomen bis Dezember 2014 glaubten, und ihr Gegenteil, eine Deflation, für unmöglich hielten. Das war ein Irrtum. Schon allein die zum Teil drastischen Sparprogramme der Regierungen haben eine deflationäre, wirtschaftsstrangulierende Wirkung. Dass derzeit allenthalben Entwarnung für die Deflation gegeben wird, sehe ich eher als ein Indiz dafür, dass sie weitergehen und sich verschärfen wird.

Hinzu kommt, dass durch die Sparmaßnahmen das ohnehin wegen ihres Geldmangels schon schlechte Funktionieren vieler öffentlicher Organisationen noch schlechter wird. Alte Systeme können durch Sparmaßnahmen nicht besser werden. Im herkömmlichen Denken gibt es aber keine Alternative zum Sparen.

Krise des Navigierens und Funktionierens

>»Eine Stadt muss funktionieren; gemütlich bin ich selbst.«
> *Karl Kraus*

Neue Methoden und Assistenzsysteme hingegen befähigen Organisationen, mit weit weniger Geld viel besser zu funktionieren, weil die vielen Behinderungen wegfallen, anstatt mit Sparmaßnahmen weitergeführt zu werden.

Vordergründig mag die Krise als eine ökonomische erscheinen, und bis heute wird sie auch so gedeutet. Weit besser verstehen kann man die Geschehnisse aber als eine Krise des Navigierens, vor allem aber des Funktionierens. Somit treten dann auch ganz andere und viel machtvollere Lösungen ins Blickfeld.

In den bereits programmierten Revolutionen steckt die Zerstörungskraft einer sozialen Kernschmelze, aber ebenso das Potenzial für ein neues Wirtschaftswunder und für eine neue, bessere Gesellschaftsordnung des humanen Funktionierens. Welchen Weg die Entwicklung nimmt, hängt unter anderem von den Lösungen ab, die den Führungseliten weltweit für das Meistern dieser immensen Herausforderungen verfügbar sind, welche davon sie als solche erkennen und für welche sie sich entscheiden. Keinesfalls genügen werden dafür die herkömmlichen Mittel von Politik, Gesellschaft und Wirtschaft, denn gerade diese waren es ja, die nach Überschreiten des Höhepunkts ihrer

Wirksamkeit die heutige Weltkrisenlage maßgeblich herbeigeführt haben.

Zum ersten Mal besteht auch die Chance, aus dem zweidimensionalen Denkgefängnis von Sozialismus und Kapitalismus auszubrechen. Es besteht die Chance, auf einer höheren logischen Ebene die positiven Merkmale beider Systeme zu einem höheren System eines neuen, nachhaltigen Funktionismus fortzuentwickeln.

Dieses System muss sowohl die Leistungskraft der Marktwirtschaft haben als auch den Menschen jene soziale Gemeinschaft geben können, die sie in der Evolution bisher noch nicht aufgegeben haben. Zwar behaupten auch die besten Vertreter des Kapitalismus – wie etwa Friedrich von Hayek –, dass man die beiden Systeme nicht kombinieren könne. Doch selbst wenn dem so ist, so bedeutet es nicht, dass es nicht ein innovatives System geben kann, das diese beiden so nötigen Elemente auf eine neue Weise integriert, denn bisher haben weder Kapitalismus noch Sozialismus dauerhaft funktioniert. Systemisch waren sie von Beginn an jeweils auf ihr eigenes Scheitern programmiert.

Die ᴿEvolution der Organisationen

Der wichtigste Grund für die Krise sind aber nicht ideologische Systeme, sondern es sind die bestehenden Organisationen und ihre immer deutlicher hervortretenden Funktionsmängel. Diese Krisenursache blieb bisher so gut wie unbeachtet. Die Logik der heutigen Organisationen stammt tief aus dem letzten Jahrhundert. Daher sind sie den neuen Herausforderungen von Komplexität und Dynamik bei weitem nicht mehr gewachsen.

Gerade jetzt wären sie aber gefordert, denn zu den weithin unbeachteten Tatsachen gehört es, dass wir längst nicht mehr in einer Gesellschaft von Personen leben, sondern in einer Gesellschaft von Organisationen. Was immer Menschen tun, tun sie nicht als Individuen, sondern als Mitglieder oder als Benutzer von Organisationen. Versagen die Organisationen, dann versagen auch die Menschen. Ohne funktionierende Organisationen sind Menschen in der heutigen Welt weitgehend hilflos.

Ob die Große Transformation21 gemeistert werden kann, hängt daher wesentlich davon ab, ob es gelingt, das organisatorische »Gewebe« der Gesellschaft zu reformieren.

Eine entwickelte Gesellschaft hat Millionen von Organisationen – in vielen Erscheinungsformen für zahllose Zwecke. In entwickelten Gesellschaften beträgt ihre Anzahl etwa 5 Prozent der Bevölkerung, in Deutschland mithin rund 2 Millionen und in Europa 20 Millionen. Es sind diese Organisationen, die das eigentliche sozial-strukturelle Gewebe eines Landes bilden. Ohne sie läuft gar nichts.

Zumindest 8 Stunden lang sind diese Organisationen die tägliche Realität der meisten Menschen, die sich aber weit in die Nächte und in die Wochenenden hinein auswirkt. Dort arbeiten sie und dort müssen sie wirksam sein, damit diese Organisationen ihre Zwecke erfüllen können

Diese Organisationen interagieren, konkurrieren und kooperieren, bilden fortgesetzt wechselnde Sub- und Supersysteme aus und erzeugen durch ihre Interaktionen Billionen von Beziehungen. Sie sind gewissermaßen die große Black Box der Gesellschaft. Damit Ökonomie und Politik mit ihren Maßnahmen Wirkung erzielen können, muss dieses organisatorische Gewebe erreicht und durchdrungen werden.

Wie das geschehen soll, wird in den unzähligen bisherigen »Krisendebatten« nicht thematisiert. Dabei ist es offensichtlich, dass es nicht ausreicht, nur den einen oder anderen Bereich in den Blick zu nehmen, wie zum Beispiel den Bankensektor. Vielmehr muss es gelingen, auf die zahlreichen Interaktionen zwischen den gesellschaftlichen Organisationen einzuwirken. Kein Wunder, dass das für die Krisenbewältigung in die Ökonomie gepumpte Geld in der realen Wirtschaft gar nicht ankommt, sondern flugs zurück in das Finanzsystem fließt und dessen Selbstzerstörung befeuert.

Frühere Transformationsepochen waren geprägt durch revolutionäre Maschinen, wie zum Beispiel die Dampfmaschine. Auch für die aktuelle Transformation wird Technologie wichtig sein. Erfolgsentscheidend für das Gelingen der Großen Transformation21 wird aber die REvolution der Organisationen und ihres Managements sein.

Bleibt man bei herkömmlichen Mitteln und Methoden, so ist, wie ich weiter vorne schon sagte, ein soziales Desaster unausweichlich. Kommt es aber rechtzeitig zu einem Umdenken, so ist sogar ein neues Wirtschaftswunder möglich – vor allem auch eine neue Gesellschaftsordnung, die ein *funktionierendes Zusammenleben* ermöglicht.

Kapitel 3

DAS GRUNDGESETZ DES WANDELS

> »The pattern which connects ...«
> *Gregory Bateson*

Für sich genommen ist Change nichts Außergewöhnliches. Innovationen, Verbesserungen und Adaptierungen gibt es immer. Hier geht es um die ganz bestimmte Art von Wandel, der das Bestehende durch etwas Neues verdrängt und ersetzt. Es geht um *Substitution*.

Der österreichische Ökonom Joseph Schumpeter nannte diesen Typ des Wandels »Schöpferische Zerstörung«. Damit formuliert er das Grundgesetz des Wandels, wie es auch in der natürlichen Evolution herrscht.

Dies überträgt Schumpeter auf den Unternehmer als Entrepreneur. Etwas zu gestalten, über das Bestehende hinauszugehen und zu innovieren – dies betrachtete Schumpeter als die eigentliche Aufgabe des Unternehmers, den er vom »bloßen« Kapitalisten ausdrücklich abgrenzt.

Solche Transformationen haben mit dem zurecht kritisierten Sozialdarwinismus nichts zu tun. Vielmehr werden dadurch revolutionär höhere Fähigkeitsstufen erschlossen. Die Dampfmaschine – Symbol der industriellen Revolution – hat die damaligen Zugtiere ja nicht bekämpft, sondern sie machte diese bedeutungslos. Pferde und Kühe sind deswegen nicht ausgestorben, sondern einer ihrer Zwecke ist ihnen abhandengekommen. Sie wurden als Transportmittel nicht mehr gebraucht.

Eine Karte für Einblick, Durchblick, Überblick

In Umbruchzeiten gehört zum Wichtigsten das Verstehen dafür, was vor sich geht. Wissen allein genügt nicht, Information und Daten schon gar nicht. Ohne zu verstehen, was passiert und was es bedeutet, ist richtiges Handeln unmöglich.

Man muss aber wiederum nicht alles *im Detail* verstehen. Wesentlich sind vielmehr die *grundlegenden Muster* im Geschehen. In der Unmenge von Daten und Fakten, von Informationen und Ereignissen ist es nicht schwer, einen transformationalen Wandel zu erkennen, wenn man dessen grundlegendes Verlaufsmuster kennt (siehe Abbildung 1).

Das Paradigma der Großen Transformation sind zwei sich überlagernde s-förmige Kurven. S-förmig deshalb, weil sie Wachstumsprozesse repräsentieren und weil es lineare Wachstumsprozesse nicht gibt, außer in manchen Business Schools und Ökonomietheorien. Die Marchetti-Kurven sind schon lange bekannt.

Bereits in den 1970er Jahren verwendete ich sie in meiner Habilitationsschrift.

Was ich bisher als Alte Welt bezeichne, wird in der Abbildung durch die rote Kurve dargestellt. Sie steht für die Grundlagen unserer heutigen Existenz, deren Anfang weit zurück in der Vergangenheit liegt. Die grüne Kurve hingegen steht für die Neue Welt und für die Grundlagen unserer Welt von morgen.

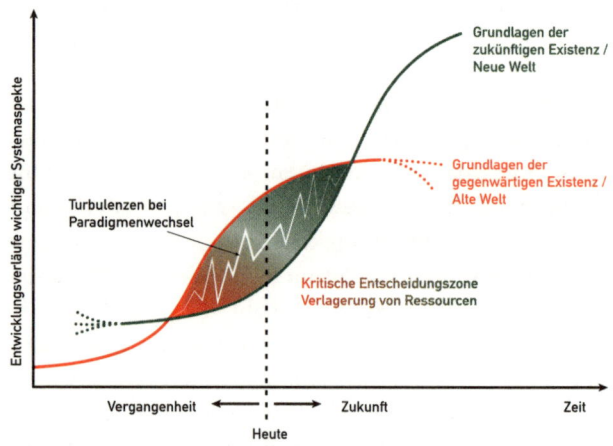

Abbildung 1: Das Paradigma der Großen Transformation21

Zwischen den Kurven liegt der Bereich wachsender Turbulenzen im Ablöseprozess des Alten durch das Neue. Hier ist die kritische Entscheidungszone; hier finden die Umbrüche statt; hier beginnt sich die Alte Welt aufzulösen und die Neue Welt Gestalt zu gewinnen.

In dieser Zone stellen sich äußerst schwierige Navigations- und Managementfragen, die bis dahin so noch nie oder nicht mit dieser Radikalität aufgetreten sind. Bisherige Schlüsselressourcen werden wertlos, müssen umgeschichtet oder neu aufgebaut werden.

Um Antworten zu finden, klammern sich unsere Reflexe an die alten Methoden, obwohl gerade diese nun immer schneller unbrauchbar werden. Gerade diese alten Methoden haben die Schwierigkeiten herbeigeführt.

Unter anderem stellt sich dabei die schwerwiegende Frage, ob die Menschen im »roten Geschäft« fähig sein werden, auch im »grünen Geschäft« mitzuwirken, und plötzlich wird zweifelhaft, ob man seine bisher besten Leute in Zukunft überhaupt noch einsetzen kann.

Diese Umschichtungszone ist eine Black Box, wie man in der Kybernetik ein System nennt, in das man nicht hineinblicken kann und von dem man nicht weiß, wie es funktioniert, das ständig Neues produziert, das man nicht vorhersagen und schon gar nicht berechnen kann – eine Umbruchszone.

Eine Zone der Ungewissheiten, aber auch der Hoffnungen und Träume. Vernunft und Gefühle treffen aufeinander, es gibt unlösbare Interessenskonflikte und enorme Komplexität.

Erfahrungen fehlen, denn solche Umbrüche hat kaum jemand erlebt. Bisher bewährte Denkweisen, Instrumente und Methoden sind eher hinderlich als eine Hilfe. Erfahrung wird so oft sogar zur Gefahr. Und allein das stellt alles auf den Kopf.

Navigieren ins Unbekannte

Ein Grundgesetz des Wandels lautet: *Was immer existiert, es wird ersetzt.* Nur weniges ist davon ausgenommen – etwa Naturgesetze und Prinzipien, die diesen ähnlich sind. Irgendwann geht die rote Kurve des Alten zu Ende und wird abgelöst durch die grüne Kurve, die für das Neue steht. Nicht weil das Alte schlecht geworden wäre, sondern weil das Neue besser ist.

Falsche Signale

Kennt man das ganze Bild, betrachtet man ein solches Geschehen retrospektiv, weiß man, wie das Verlaufsmuster aussieht. Man weiß dann auch, was zu jedem Zeitpunkt die richtigen Entscheidungen gewesen wären – und schüttelt vielleicht den Kopf ob der Fehler, die frühere Generationen gemacht haben, und ist erschüttert, dass genau dieselben Fehler sich wiederholen.

Steht man aber im Hier und Jetzt (siehe Abbildung 2) und kennt das Muster nicht, dann erhält man mit den bisherigen Führungs- und Navigationsinstrumenten systematisch die falschen Signale, ohne dies aber im herkömmlichen Denkrahmen auch nur erahnen zu können.

Im Heute sagen uns die Signale, dass wir auf der roten Kurve weitermachen sollen. Falls man die grüne Kurve überhaupt bemerkt und ernst nimmt, mahnen uns die alten Navigationspunkte, diesen Kurs lieber

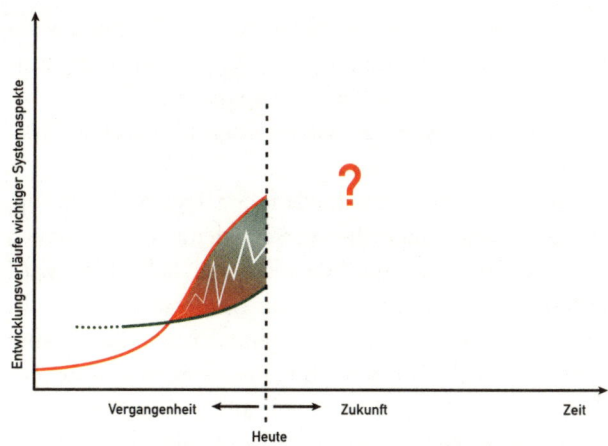

Abbildung 2: Hier und Jetzt: Navigieren ins Unbekannte

nicht einzuschlagen. Erst wenn es bereits zu spät ist, schlagen die alten Systeme Alarm.

Nicht nur eine, sondern drei Strategien sind nötig

»But the ability to create the new also has to be built into the organization.«
Peter F. Drucker

Noch etwas Entscheidendes erkennt man mit diesem Muster: Um die Große Transformation21 zu meistern, braucht man nicht nur eine Strategie, sondern derer drei. Man braucht die erste Strategie, um die rote Kurve zu nutzen, so lange es nur geht. Die zweite Strategie ist nötig, um die grüne Kurve rechtzeitig aufzubauen, damit man sie hat, sobald man sie braucht. Und die dritte Strategie ist erforderlich für den Übergang von rot nach grün.

Nicht nur drei verschiedene Strategien sind nötig, sondern damit auch drei verschiedene Anwendungen von Management und Governance. Sehr klar wird anhand dessen auch, wo echte Leadership gebraucht wird, und woraus diese bestehen muss: Leadership wird gebraucht für den Mut, in eine unbekannte Zukunft aufzubrechen, obwohl alle Anzeichen dafür sprechen, in der Vergangenheit zu bleiben.

Es gibt Organisationen, die solch einen Wandel schon mehrfach gut überstanden haben, maßgeblich dadurch, dass sie ihn selbst herbeigeführten. Dazu gehören zum Beispiel Siemens, Bosch und General Electric; nicht hingegen Kodak. So ist beispielsweise nichts unnützer als die weltbesten Chemiker in der Fotobranche, wenn die substituierende Technologie digital ist. Über Nacht war das vorher Wertvollste von Kodak – das Wissen seiner Top-Fachleute – wertlos geworden.

Aber noch mehr: Nicht nur waren die Chemiker »nutzlos« geworden, sondern sie leisteten darüber hinaus auch noch den größten aktiven Widerstand gegen die Digitalisierung.

Substitution und Kreative Zerstörung

Substitutionsprozesse dieser Art finden wir überall, im Kleinen wie im Großen. So verdrängte ab etwa 1890 das Automobil systematisch das Pferdefuhrwerk. Ähnliches fand in der einst blühenden europäischen Textilindustrie, in Bergbau und Energiewirtschaft, im Stahl und in der Landwirtschaft statt. Dies sind zwar alte, aber weiterhin lehrreiche Beispiele.

Einige der aktuellen Beispiele haben wir selbst miterlebt. Ab Mitte der 1990er Jahre wurde die herkömmliche Telefonie immer schneller durch die Mobile-Phone-Technologie ersetzt. Wie erwähnt, brachte Apple 2007 das erste iPhone auf den Markt und zur selben Zeit wurde die chemische Fotografie durch die digitale Bilderzeugung substituiert. Wie vielen von uns ersetzt heute wohl das Smartphone bereits die digitale Kamera?

In vielen solcher Fälle – konkret auch bei Computern und in der Fotografie – war ich selbst in Strategiefragen involviert und konnte miterleben, wie schwer sich die Führungskräfte mit den neuen Situationen jeweils taten.

Dort ist mir auch aufgefallen, was ich seither systematisch beobachte: dass die Manager ihre Herausforderungen zum Teil sehr gut kannten und auch wussten, was zu tun ist. Sie kannten also das WAS, aber sie wussten nicht WIE. Denn es fehlte ihnen das methodische Instrumentarium, um Change vom notwendigen Ausmaß durchführen und beherrschen zu können. Dasselbe Dilemma stellt sich heute noch weit mehr.

Fundamentale Transformationen

Die heutige Transformation vom 20. Jahrhundert in das 21. hat ihren Vorläufer in der Industriellen Revolution. Sie begann etwa Mitte des 18. Jahrhunderts mit der Aufklärung und wurde deutlich in der amerikanischen Verfassung, der Dampfmaschine und der damit beginnenden Industrialisierung, in der Französischen Revolution und den Napoleonischen Kriegen. Diese Transformation schuf auch die moderne Universität, die Parteien und ihre Ideologien, sie verwandelte grundlegend die politische Struktur Europas, brachte eine vollständig neue europäische Gesellschaftsstruktur und löste die Feudalgesellschaft durch Rechtsstaat und Demokratie ab.

Aber die Große Transformation21 zeigt schon an ihren bisher eingetretenen Veränderungen, dass sie noch weit größer und umfassender sein wird, als die vorhergehenden gesellschaftlichen Umwandlungen. So wird die heutige Universität nicht überleben und die bisherigen politischen Parteien werden sich fundamental ändern müssen. Die nun über 200 Jahre alten dominanten Ideologien von Kapitalismus und Sozialismus werden in ihrer bisherigen Erscheinungsform kaum noch relevant sein, denn sie liefern schon für die heutigen Probleme keine Lösungen mehr. Die Demokratie wie wir sie kennen, stößt immer mehr an ihre Grenzen, worüber ich 2007 im Buch über Unternehmenspolitik und Governance schrieb.

Die aktuelle Transformation ist global. Der Vernetzungsgrad von immer mehr Systemen ist größer denn je, genauso wie das rasante Tempo des Wandels. Bisherige Superlative wie *Mega Change* sind bereits zu klein gegriffen, um die neuen Veränderungsdimensionen zu beschreiben

Die davor liegende, ähnlich tiefgreifende Transformation fand zwischen 1455 und 1517 statt, beginnend mit der Erfindung des Buchdrucks und geprägt durch die Reformation – die Zeit des eingangs erwähnten Kopernikus. Meilensteine des damaligen Transformationsprozesses waren unter anderem Buchdruck, Renaissance, Entdeckung Amerikas, Entstehung der Wissenschaften, Wiederbelebung der Medizin und Verbreitung des arabischen Zahlensystems.

Und noch weiter zurück vollzog sich ein solcher Wandel im 13. Jahrhundert mit der Entstehung der Gotik, der modernen Stadt, den ersten Universitäten als Zentren des geistigen Lebens sowie den Zünften als dominanter Sozialstruktur.

Derart grundlegende Transformationen ereigneten sich geschichtlich bisher etwa alle 200 bis 250 Jahre. Sie korrespondieren mit langen Zyklen von Auf- und Abschwüngen der Wirtschaft, die als erster der russische Ökonom Nikolaj Kondratieff untersuchte.

Diesen Perioden ist auch gemeinsam, dass sich jeweils innerhalb von etwa 50 Jahren die Gesellschaft, ja die Welt der jeweiligen Zeitgenossen so radikal veränderten, dass später Geborene buchstäblich keine Vorstellung mehr von der Welt ihrer Eltern hatten. Das trifft nicht nur, aber besonders auch auf soziale Transformationen zu – wie etwa die Abschaffung der

Sklaverei, die Einführung der Schulpflicht oder die Emanzipation der Frauen.

50 Jahre mögen im Leben eines Menschen als lange erscheinen. Geschichtlich ist das eine kurze Periode. 50 Jahre waren objektiv lange in Relation zur Lebenserwartung des mittelalterlichen Menschen, des Renaissance-Menschen und des Zeitgenossen der Französischen Revolution. Die damaligen Transformationen spielten sich somit über mehrere Generationen ab.

Heute sind 50 Jahre im Leben eines einzelnen Menschen aber nicht mehr lange. Daher wird die gegenwärtige Transformation schwerwiegender sein als die früheren, denn sie wird als dramatischer empfunden werden, weil die demografische und psychologische Ausgangslage verschieden ist. Der Anpassungsdruck, der sich früher auf mehrere nacheinander lebende Generationen verteilte, trifft heute geballt zwei bis drei gleichzeitig lebende Generationen. Das ist der demografische Aspekt, der schlagend wird.

Darüber hinaus ist die heutige Generation geschichtlich die erste, der es kollektiv immer nur gut ging, und die sich daher in dem Glauben wiegen konnte, dies sei der Normalfall, und dass es so weitergehen könne wie bisher. Keine andere Generation hat bisher ein so hohes Wohlstandsniveau gehabt und daher einen so hohen Verwöhnungsgrad. Das ist der psychologische Aspekt, der nicht unterschätzt werden darf

Die Menschen früherer Epochen haben sich vom Leben, von der Gesellschaft und vom Staat nicht viel erwartet. Sie hatten keine Illusionen. Den allermeisten ging es vor und nach einer Transformation nicht gut, und sie hatten daher auch keine besonderen Erwartungen und Ansprüche.

Heute ist das anders. Der vor sich gehende Wandel trifft in der sogenannten »westlichen Welt« eine Generation, der es relativ gesehen so gut geht wie keiner Generation davor. Daher werden schon kleine Rückschläge im Wohlstandsniveau als dramatisch empfunden. Somit werden auch die Anforderungen an die Führung, an die durch diese Transformation navigierenden Lotsen wesentlich höher sein als zu früheren Zeiten.

Dem Wandel voraus sein

So wie es ein Muster der Substitution gibt, gibt es auch ein strategisches Grundmuster erfolgreicher Unternehmen und Organisationen, das lautet: *Sei dem Wandel stets voraus!* Sie selbst führen den Wandel aktiv herbei, statt wie viele andere zu warten, bis er passiert. Sie nutzen die Kräfte dieses unerbittlichen Gesetzes der Wirtschaft – aber nicht nur der Wirtschaft – für den Aufbruch in eine neue Leistungsdimension, statt sich dagegen zu stemmen. Damit behalten sie die Initiative in der eigenen Hand und bestimmen selbst die Spielregeln. Der Wandel ist dann kein Müssen, sondern ein Wollen. Die Organisation bestimmt selbst und lässt sich nicht treiben.

Sie wächst über sich und seine bisherigen Grenzen hinaus und substituiert sich selbst. *Tun wir es nicht, dann tun es andere, denn geschehen wird es so oder so,* ist ihr Leitsatz.

Kapitel 4

DIE TREIBER DER TRANSFORMATION

>»So erfahren wir zwar sehr viel über Details,
>aber nichts über das System als solches.«
>*Dietrich Dörner*

Die Große Transformation wird durch einige sich gegenseitig verstärkenden Kräfte getrieben, die bereits 1997 recht gut erkennbar waren. Welche Prozesse treiben den Wandel am stärksten voran? Was ist schon in vollem Gang, und was noch in der Warteschlaufe? Was wird als gewichtiger Trend missverstanden, und was wird ignoriert?

Die Antworten darauf würden ein zweites Buch füllen. Aus dieser Fülle habe ich fünf Treiber herausgefiltert und zusammengenommen, die ich in ihrem Wechselspiel als die Hauptkräfte der Großen Transformation21 ansehe:

Es sind die globale Bevölkerungsentwicklung, sodann die ökologischen Fragen, ferner die Fortschritte in Wissenschaft und Technologie sowie die Ökonomie, und hier vor allem die alles durchseuchende Verschuldung. Alle zusammen kulminieren in einer neuen, bis heute noch nie dagewesenen Komplexität.

Diese zu managen, zu meistern und zu nutzen, ist die eigentliche Kernherausforderung.

Mit veralteten Denkweisen und Methoden kann man eine solche Herausforderung aber nicht meistern. Herkömmliches Management kann diese Anforderung schon länger nicht mehr wirklich erfüllen, wird aber noch durch viel Improvisieren mit gutem Willen aufrechterhalten. Die Kurzsichtigkeit ist augenscheinlich. Auch hier ist der Umstieg von der roten auf die grüne Kurve überfällig.

Demografie

Wir stehen gleichzeitig vor Übervölkerung und Entvölkerung, vor Überalterung und Verjüngung, vor Verklugung und Verdummung, vor Verarmung und Verreichung. Aus diesen Spannungsfeldern resultieren Herausforderungen in einem noch nie da gewesenen Umfang.

Hinzu kommen der Zerfall oder die Beschädigung sozialer Strukturen in immer mehr Ländern sowie das Phänomen einer Überzahl von jungen Männern, die keine Zukunft sehen, sich aber für »kampffähig« halten.

Von Migration und Kompetenzfestungen

Die niedrigen Geburtenraten, Überalterung und daraus folgender Rückgang von Bevölkerungen können aus eigener Kraft nicht korrigiert werden, wohl aber durch Migration. An Migrationswilligen fehlt es nicht, aber wer will wen aus welchem Grunde ins eigene, sich selbst zurückbauende Land lassen? Hier kommt der von Gunnar Heinsohn geprägte Begriff der »Kompetenzfestung« herein. Er meint damit jene Länder, die zwar offen für Einwanderer sind, aber nur für die Höchstqualifizierten. Sie lassen niemanden hinein, der die hohen Kriterien nicht erfüllt.

Andere Länder, auch die Europäischen, sind bisher großzügiger und nehmen auch Minderqualifizierte auf, weil Barmherzigkeit anstelle von Leistungsfähigkeit tritt. Die grundlegenden Probleme werden dadurch aber kaum gelöst.

An der Spitze der Kompetenzfestungen liegen heute Singapur, Südkorea, die Schweiz, Neuseeland, Australien und Kanada. Zum Vergleich: Singapur hat 9,10 Prozent Schüler in den höchsten PISA-Leistungsklassen. Die USA hingegen nur 1,70 Prozent. Deutschland ist mit 2,60 Prozent im oberen Mittelfeld.

Polarität von Inklusionismus und Exklusionismus

Es kommt noch ein wichtiges Begriffspaar hinzu: der polare Gegensatz von *Inklusionismus und Exklusionismus*. Er stammt in der von mir verwendeten Weise von Robert Prechter, dem amerikanischen Elliott-Wave- und Socionomics-Experten. Kurz gesagt hatten wir nach dem Zweiten Weltkrieg eine soziale

Stimmung des Inklusionismus, nach dem Motto: »Wir sind alle Brüder!«

Diese lobenswerte Haltung hat unter anderem zur Europäischen Integration und ihren fortgesetzten Ergänzungen geführt, zu den globalen Freihandelsverträgen, zur Öffnung gegenüber China und von China gegenüber der Welt, sowie zur deutschen Wiedervereinigung.

Aus der Massenpsychologie wissen wir aber, dass solche Stimmungen nicht ewig anhalten. Der Höhepunkt und Umbruch kam ziemlich genau mit der Millenniumsfeier. Seither setzt sich der Stimmungsumschwung immer stärker durch zum Exklusionismus. Dessen Motto ist: »Was gehen uns die anderen an? Wir haben mit uns selbst genug zu tun«. Tagesaktuelle Beispiele über das Auseinanderbrechen oder Auflösen von Sozialstrukturen und Vertragsgebilden gibt es zuhauf in den Nachrichtenmeldungen.

Mehrere Gesellschaftstypen gleichzeitig

Eine weiteres Element des demografischen Treibers dieser Großen Transformation21 ist die Tatsache, dass wir heute in mehreren »Gesellschaftstypen« zugleich leben. Bisher hatte man diese eher als sequenzielle Durchgangs- und Entwicklungsstadien angesehen.

So konnte man retrospektiv noch ziemlich gut die Agrargesellschaft von der Industriegesellschaft unterscheiden, obwohl es immer Unschärfen gab und die Zeitgenossen sich kaum darüber im Klaren waren, in welcher Gesellschaft sie leben.

Man konnte vor allem zwischen diesen Gesellschaften hin und her pendeln, denn beide hatten einen ähnlichen Anteil an manueller Arbeit. Die Menschen waren ebenso gut qualifiziert für die Arbeit in der Landwirtschaft wie in der Fabrik.

Die zeitliche Abfolge hat sich aufgelöst. Heute leben wir zugleich in der Informationsgesellschaft, in der Organisationsgesellschaft, in der Wissensgesellschaft und in der Komplexitätsgesellschaft. Das führt zu ganz neuen Herausforderungen.

Die Informationsgesellschaft macht Raum und Zeit irrelevant. Dies erzwingt und ermöglicht radikal neue Arbeitsweisen. Dazu unten noch mehr. In der Wissensgesellschaft wird manuelle Arbeit immer geringer, die sensorische Information immer schwächer, der Abstraktionsgrad immer größer und immer mehr Wirklichkeit kann nur noch durch Sprache erschlossen werden, aber nicht mehr durch die Sinne. Die Organisationsgesellschaft verliert immer mehr an Effektivität und wird so auch immer stärker zur ergebnislosen und verantwortungsfreien Gesellschaft.

Damit noch nicht genug. Hinzu kommt die geschlossene Stammesgesellschaft in Kontrast zur abstrakten offenen Großgesellschaft mit ihren besonderen Eigenschaften der Disziplinierung durch Freiheit, Eigentum und Marktkoordination, aber auch ihrem Leistungsdruck und ihrer eisigen Kälte. In der Stammesgesellschaft hingegen wurden die Bedürfnisse nach Nähe, Geborgenheit und Zugehörigkeit erfüllt.

Die Komplexitätsgesellschaft ist die Herausforderung

> »Man becomes mature and able to exist as a
> human being in a complex society.«
> *Karl Polanyi*

Für meine Zwecke ist der geeignetste Sammelbegriff
»Komplexitätsgesellschaft«, mit dem ich auch die anderen Kategorien mit umfassen kann. Denn mir geht
es um Management, und dafür sind Komplexität und
ihre Bewältigung die alles überlagernde Herausforderung. Ich bin geneigt, in der Komplexität eine Art Höhepunkt der Entwicklung insofern zu sehen, als wir
dafür ein Management aufbauen können, das für das
ultimativ richtige Objekt geschaffen ist und die richtige Zielsetzung hat.

Komplexität wurde von der bisherigen Managementlehre so gut wie vollständig übersehen, oder
man hat es bei Lippenbekenntnissen belassen und
ist deshalb auch immer wieder gescheitert. Denn
bisher wurde ja keines der komplexen Probleme –
etwa die demografischen Herausforderungen –, auch
nur näherungsweise gelöst, ja nicht einmal ange-
packt, was auch für andere Triebkräfte der Großen
Transformation21 gilt.

In Non-Governmental- wie Regierungsorganisatio-
nen ist man sich dessen nicht bewusst, dass man so etwas wie Management in unserer Komplexitätsgesellschaft überhaupt brauchen würde.

Ökologie

Seit den 1960er Jahren wissen wir, dass es Umwelt-
probleme gibt. Gute 50 Jahre später sind erst einige
wenige davon gelöst und andere neu entstanden. In
St. Gallen haben wir in den frühen 1970er Jahren den
Begriff der »ökologischen Dimension« der Unternehmensführung geschaffen. Der erste Club of Rome-
Bericht zu den *Grenzen des Wachstums* von Dennis
Meadows und weiteren Autoren wurde am St. Galler
Studenten-Symposium 1972 der Öffentlichkeit präsentiert und war, wie eingangs erwähnt, ein weltweiter
Impulsgeber für mehr Umweltbewusstsein. Uns half er
bereits damals, diese Dimension nicht nur mitzuden-
ken, sondern in unsere Arbeit zu integrieren.

Grenzen des Wachstums

Seither wurde viel geforscht und viel gestritten. Nicht
alles war Wissenschaft; vieles ähnelte eher einem Reli-
gionskrieg. Aber der Club of Rome-Bericht war eines
der frühen Signale dafür, dass die Alte Welt schwanger
gehen könnte mit einer Neuen Welt. 50 Jahre später
ist der Streit nicht verstummt und Klimakonferenzen
treten auf der Stelle.

Wirtschaftsführer engagieren sich persönlich

Aber etwas anderes ist eingetreten: Immer mehr der
mächtigsten Wirtschaftsführer stellen sich seit einiger

Zeit öffentlich und vorbehaltlos an die Spitze der Öko-logie-Bewegung, und nicht mehr wie bisher nur in deren Rücken. Sie setzen sich höchstpersönlich für nachhaltige Unternehmensführung ein, für Sustainability.

Ökologische Feindseligkeit, Gleichgültigkeit oder Ausbeutung von natürlichen Ressourcen kann man der Wirtschaft heute immer weniger vorwerfen. Wenn es in fast jedem großen Unternehmen einen Chief Sustainability Officer gibt und wenn sich die CEOs von rund 200 Weltkonzernen in dem von Stephan Schmidheiny gegründeten World Business Council for Sustainable Development WBCSD zusammenfinden, um ihre Unternehmen auf eine »Low Carbon«-Wirtschaft umzubauen, so kann man nicht mehr von Desinteresse, Untätigkeit oder gar kaschiertem Raubbau sprechen.

Im Spannungsfeld von WAS und WIE

Ich denke, dass etwas anderes vor sich geht. Einige der wichtigsten Konzernführer scheinen erkannt zu haben, dass man soziale und ökologische Probleme nicht durch Barmherzigkeit lösen kann, sondern nur durch Innovation. Peter F. Drucker hat diese Auffassung seit langem vertreten: Für soziales Elend braucht man unternehmerische Lösungen und effektives Management.

Man weiß heute ziemlich viel darüber, was zu tun wäre. Man kennt die Herausforderungen und kennt auch einige der Lösungen. Das WAS ist also ziemlich klar. Aber man hat keine Lösungen für das WIE. Es stellt sich auch hier – gerade unter den Besten im Management – die Managementfrage: Wie sollen wir eine derart hochkomplexe Sache überhaupt angehen?

Die Polarität von WAS und WIE durchzieht große Teile der heutigen Gesellschaften und ihrer Herausforderungen. Man macht es sich zu leicht mit der in den Medien oft propagierten Meinung, die politischen und wirtschaftlichen Führer seien *unfähig* oder würden gar *nicht wollen*. Solche mag es auch geben, sie sind aber eine Minderheit.

Nein, die Lösung liegt ganz woanders. Sie lautet: Gib den Unternehmensführern und Politikern neue, wirksame Instrumente in die Hand, dann werden sie viele der Probleme auch lösen.

Zweierlei brauchen die CEOs: erstens eine neue Lösung für die Governance und den Shareholder Approach in ihren eigenen Unternehmen. Zweitens kraftvolle Lösungsverfahren für das Change Management. Sie erkennen, und sprechen es auch aus, dass der heutige Kapitalismus tiefgehend reformiert werden muss und dass Unternehmen sich auf langfristig nachhaltiges Wirtschaften einstellen müssen, statt auf kurzfristige Gewinne. Richtig! Aber Appelle allein genügen nicht. Bis heute sieht man noch keine ernstzunehmende, durchsetzbare Alternative zur Shareholder Governance.

Diese Lösung gibt es aber und sie kann vergleichsweise schnell eingeführt werden. Nachdem inzwischen selbst Jack Welch, einer der bedeutenden Shareholder-Exponenten und ehemaliger CEO von General Electric, meinte, »*Shareholder Value is the dumbest idea in the world*«, stehen die Türen weiter offen als zuvor.

Das zweite ist, dass die bisherigen, immer schwächer werdenden Problemlösungsmethoden ersetzt werden. Das kleine Team, das mittelgroße Meeting und die große Konferenz – alle drei sind für Herausforderungen mit derartig großer Komplexität so gut wie immer überfordert.

Gerade »Earth System Governance« steht auf dem Prüfstand des Funktionierens – auf höchster Ebene. Ein Blick auf die Gipfelthemen der G7 im Juni 2015 zeigt erfreulicherweise, dass es sich längst nicht mehr um einen reinen Weltwirtschaftsgipfel handelt, wie noch in den 1980ern. Dominiert wurde die Tagesordnung vielmehr von Themen, die gerade den sogenannten Globalisierungskritikern als »global commons« besonders am Herzen liegen. So befasste sich die G7 in Elmau mit ökologischer Nachhaltigkeit, Armut, Kampf gegen Epidemien, Terror, der Einhaltung von Sozial- und Arbeitsstandards oder der beruflichen Bildung von Mädchen und Frauen. Ein weiteres Beispiel dafür, dass das WAS entlang der Treiber der Großen Transformation21 ins Blickfeld gerückt wird. WIE aber die Lösung dieser Themen bei der gegebenen Komplexität methodisch angegangen werden soll, bleibt ungelöst.

Das Protokoll der bisherigen Gipfel und die angewandten Problemlösungsmethoden können nur noch zu Minimalkompromissen und Absichtserklärungen führen, aber nicht zu Lösungen.

Wissenschaft und Technologie

Was möglich ist, wird wirklich. Was gedacht wird, wird gemacht. So sehe ich die Entwicklung von Wissenschaft und Technologie schon seit langem. Das führt zwar zu ethisch anspruchsvollen Fragen. Dass man mit Feuer Suppe kochen, aber auch Häuser niederbrennen kann, ist zwar richtig, hat aber nicht daran gehindert, Feuer zu verwenden. So ist es bisher mit den meisten Technologien gewesen, die einsetzbar waren. Für die Ethik ihrer Anwendung *sind wir selbst verantwortlich.*

Vor großen Durchbrüchen zu einem neuen Weltbild

Wissenschaft und Technik gehören zu den stärksten Treibern der Großen Transformation21. Ich gehe davon aus, dass wir schon in den nächsten paar Jahren einen so enormen Schub an neuen Erkenntnissen aus so vielen Disziplinen bekommen werden, wie noch nie zuvor, und dass wir mit hoher Wahrscheinlichkeit Zeitzeugen der Entstehung eines neuen Weltbildes sein werden.

Meine Tätigkeit führt mich mit unterschiedlichsten Wissenschaftlern aus den großen Forschungsgesellschaften Deutschlands und des Westens zusammen und meine Verbindungen zu chinesischen Universitäten und besonders ihren Präsidenten geben mir wiederum Einblick in deren Arbeit und Denkweise unter ganz anderen politischen und kulturellen Bedingungen. Fast überall treffe ich aber dieselbe Situation an: Man arbeitet an den Grenzen der bisherigen Wissenschaften und steht vor großen Durchbrüchen. Und auch hier werden die bisherigen Organisationsformen immer mehr zu immer größeren Hemmnissen.

Auch wissenschaftsintern findet also eine Transformation statt. Eingebettet in den gesamtgesellschaftlichen Zusammenhang kommen von hier die stärksten und langfristigsten Einflüsse für die Wirtschafts- und Gesellschaftsentwicklung.

Systemische Vernetzung fördert den Fortschritt

Dazu gehören nicht nur die Informatik und Computerwissenschaften, die ein unglaubliches Potenzial haben. Durchbrüche sind auch zu erwarten in der Materialforschung, der Energieforschung, in den Biowissenschaften, der Gentechnologie, der Gehirnforschung, der Krebsforschung und in der Bionik, um nur wenige zu nennen.

Besonders interessant ist, dass immer mehr der Forscher, die ich kenne, aus den Silos ihrer Disziplinen hinausstreben. Sie wollen mit anderen Wissenschaften zusammenarbeiten, denn aus dem Zusammenwirken vieler Einzelwissenschaften entstehen kreative Lösungen, die man als solche nicht vorhersehen konnte.

Ich erwarte, dass wir unter anderem endgültig die Philosophie des Cartesianismus hinter uns lassen und auf allen Gebieten in die Systemforschung vorstoßen werden. Das würde auch bedeuten, dass wir so nach und nach auch von der bisherigen Fächeraufteilung an den Universitäten wegkommen beziehungsweise diese in einen anderen Kontext einbetten werden. Vernetzung ist auch in der reinen Grundlagenforschung eine der großen Herausforderungen.

Frei von Raum und Zeit

Im Vordergrund vieler Diskussionen steht derzeit mit Industrie 4.0 das Internet der Dinge, die Digitalisierung generell. Diese hat ein so enormes Potenzial, dass man zukünftige Entwicklungen gar nicht abzusehen vermag und daher noch länger mit schwachen Signalen navigieren muss.

Was immer man digitalisieren kann, wird man auch digitalisieren. Sich vorzustellen, was und wieviel man digitalisieren kann, übersteigt die Fantasie der meisten, vielleicht sogar aller Menschen. Das macht aber nichts. Zur Zeit Newtons konnte man auch nicht ahnen, wohin die Physik sich entwickeln würde.

Die Digitalisierung macht uns frei von den beiden großen Navigatoren der Geschichte: Raum und Zeit. Wo jemand war und wann er dort war, war in der Geschichte immens wichtig. Heute spielt das aber eine weit geringere Rolle als früher. Genau genommen spielt es *funktionell* überhaupt keine Rolle mehr.

Die bisherigen Raum- und Zeitgefüge werden neu gedacht und gestaltet, etwa durch Teilzeitmodelle und ortsunabhängiges Arbeiten über Zeitzonen hinweg.

Die bisherigen räumlichen Organisationskoordinaten verwischen und virtualisieren sich in Clusterorganisationen und fluiden Netzwerken.

Besonders bei Wissensarbeitern wird die Art des Zusammenarbeitens und dessen Koordination nicht mehr über die Grundkoordinaten von Raum und Zeit vorgegeben, sondern ergeben sich aus wechselnden Arbeitsmethodiken. Diese müssen je nach Aufgaben immer wieder neu erfunden werden und verlangen neben Selbstdisziplin oft mehr Einfühlungsvermögen in andere und deren Arbeitsweisen. Freiräume und Freizeiten kommen und gehen wie Komplexität und Tempo es erfordern oder erlauben.

Wissen managen

Technologie ist das Anwenden von Wissen für praktische Zwecke, maßgeblich durch die Industrie, aber auch im Nonbusiness-Bereich – zum Beispiel in Krankenhäusern, in Opernhäusern, in den Organisationen der öffentlichen Verwaltung und des Bildungswesens, ganz besonders auch in den immer bedeutender werdenden Forschungsorganisationen.

Wissen ist die mit Abstand wichtigste Ressource, weil, wie ich bereits erwähnte, Wissen wiederum die Voraussetzung dafür ist, andere Ressourcen zu nutzen. Wissen ist also zugleich Ressource und Produkt, weil aus der Anwendung von Wissen wieder neues Wissen als Ergebnis entsteht. Und Wissen ist zugleich auch das Produktionsmittel dafür.

Managen können wir aber nicht das Wissen selbst, sondern managen können wir den Wissensarbeiter und die Wissensarbeit. Damit rücken diese beiden ins Zentrum, zusammen mit dem Management von beidem.

Bis ein Wissensarbeiter genügend ausgebildet ist, hat er für die Gesellschaft schon erhebliche Investitionen verursacht. Daher ist es wichtig, ihn und seine Arbeit produktiv und effektiv zu machen. Aufgrund von bereits gemachten Versuchen bin ich zuversichtlich, dass wir in den nächsten Jahren Wege finden werden, die Produktivität des Wissens zu messen, so wie wir auch gelernt haben, die Produktivität der manuellen Arbeit zu messen.

Dies genügt aber noch nicht. Es müssen auch die organisatorischen Voraussetzungen geschaffen werden, die der Wissensarbeiter für seine Produktivität braucht. Dies können kaum dieselben sein, wie die Voraussetzungen für die manuelle Arbeit in den früheren Fabriken.

Man hört viel von »verrückten« Organisations- und Arbeitsbedingungen, die im Silicon Valley für die Mitarbeiter geschaffen werden. Solche organisatorischen Environments werden für Wissenschaft und Technologie vielerorts zum Standard werden – vorausgesetzt die Resultate werden dadurch besser.

Wissenschaftler und Techniker arbeiten im Vergleich zu anderen Mitarbeitern sehr verschieden. Aufgrund ihrer Tätigkeit stoßen sie immer wieder in Neuland vor, mit all den täglichen Hoffnungen und Frustrationen. Sie sind keine Angestellten im üblichen Sinne, sondern sie sind von ihren Forschungen total durchdrungen, und committen sich mit Leib und Seele.

Daher tun sie sich mit Chefs oft schwer, insbesondere wenn diese nicht vom Fach sind. Sie respektieren niemanden als Chef, der nicht versteht, um was es in ihrem Fach geht. Und selbst sind sie oft keine guten Chefs, weil sie am Führen und oft auch an den Menschen nicht interessiert sind, sondern lieber ihre Versuche machen.

Dennoch müssen Wissenschaftler und Technologieexperten auch führen, obwohl sie das in ihren Studien, wie erwähnt, nicht erlernt haben und dafür auch nicht sensibilisiert sind.

Ökonomie und Verschuldung

Vor allem ein Faktor aus der Ökonomie ist wichtig für die Große Transformation: Es ist die geschichtlich größte globale Verschuldung aller Wirtschafts- und Gesellschaftsbereiche. Betroffen sind Staaten, Länder und Städte, Unternehmen, öffentliche Organisationen und private Haushalte.

Lehman und die Brandbeschleuniger der Krise

Als der Zusammenbruch der Lehman Bank in New York im September 2008 die sogenannte Lehman-Krise auslöste, konnte eine Katastrophe gerade noch einmal vermieden werden. Das weltweite Finanzsystem drohte binnen Stunden in den Abgrund gerissen zu werden – beim Menschen vergleichbar mit dem Kollaps des Blutkreislaufes, der aus scheinbar heiterem Himmel geschieht.

Seither taumelt die Welt durch eine höchst labile, improvisierte Phase künstlicher »Ernährung« des Systems. Es gibt keine Theorie dafür, was seither passiert; es ist ein Improvisieren ohne Navigation. Gelöst wurden die Probleme bisher nicht. Hinzugekommen sind seit Lehman 40 Prozent zusätzliche Schulden bei bestenfalls stagnierendem Wachstum.

Von der Fachwelt war ein solches Ereignis für denkunmöglich gehalten worden. Aber anderen war klar, dass es passieren würde; nur Ort, Zeit und Anlass waren weniger genau bestimmbar, als viele es gerne gehabt hätten. Die Analysen dazu stehen unter anderem in meinen Büchern, einschließlich eines kybernetischen Systemmodelles dafür.

Obwohl die Ökonomie – mit wenigen Ausnahmen – von den Ereignissen überrascht wurde, gab sie gerne Erklärung und Rat zu etwas, was sie selbst nicht erahnt hatte.

Falsch programmierte Navigationssysteme der US-Unternehmen als Ursache

Die Ursache der globalen Überschuldung sehe ich in nicht in der Ökonomie im engeren Sinne, sondern in der angelsächsischen Corporate Governance mit ihrer seit mehr als 20 Jahren dauernden kurzfristigen Gewinnmaximierung im Dienst des Shareholder Values. Ihr Erfinder ist *Alfred Rappaport*, ein Professor für Accounting – für Buchhaltung. Aus dieser Sicht stimmen die Dinge, nicht aber aus Sicht einer unternehmerisch richtigen, langfristigen Unternehmensnavigation und -führung.

In der Shareholder-Steuerung der Unternehmen haben wir ein Paradebeispiel von systematischer Fehlprogrammierung der wichtigsten Navigationssysteme. Als wäre den Schiffsnavigatoren von früher der Polarstern abhanden gekommen und als hätten sich die Steuermänner gutgläubig an wankelmütigen Planeten orientiert.

Navigationsfehler 1: Beginnend in den USA orientierte sich die Führung von Unternehmen an Quartalsberichten und am Börsenkurs – das heißt, am kurzfristigen Interesse der Shareholder. In Wahrheit waren diese aber immer weniger langfristige Eigentümer, sondern zunehmend hochprofessionelle kurzfristige Spekulanten.

Der Polarstern der richtigen Unternehmensnavigation ist die Konkurrenzfähigkeit, die Sonne ist aber der zufriedene Kunde. Wer zufriedene Kunden hat, weil er besser ist als die Konkurrenz, macht als Resultat bessere Gewinne und kann damit auch seine Aktionäre besser zufriedenstellen. Das ist ein Programm für nachhaltige Gesundheit eines Unternehmens. Das Umgekehrte ist jedoch ein systematisches Untergangsprogramm.

Daher Kurskorrektur 1: Navigation am Kunden und an der Konkurrenzfähigkeit ausrichten.

Navigationsfehler 2: In der Kurzfristigkeit liegt auch die Ursache der Bilanz- und Aktienkursmanipulation – genannt »kreative Buchhaltung«; die Ursache der Kreditkäufe von Aktien – genannt Leveraging; die Bündelung von minderwertigen Hypotheken, um diese durch Real Estate Funds an die Börse zu bringen – genannt Securitization; und die dadurch finanzierten, immer schlechteren Immobilienhypotheken. Kurz, die immer größere Verschuldung immer weiterer Kreise.

Dies alles erschien völlig normal, ja mehr noch, die durch die Kredite aufgeblähten steigenden Preise von Aktien, Immobilien, Rohstoffen sowie Kunstwerken galten als die ultimative Schaffung von Wohlstand für alle.

Daher Kurskorrektur 2: Loslösen der Führung eines Unternehmens von den Zahlen der Börse. Führen mit offenen Zeithorizonten unabhängig von Quartalsberichten und Analystenrankings.

Navigationsfehler 3: Man übersah, dass der längste Aktien-Höhenflug der Geschichte ein schuldenfinanziertes Kartenhaus war, und dass die vermeintliche Wohlstandmaschine aufgrund der wachsenden Schulden in Wahrheit die ultimative Maschine für die Zerstörung von Sachwerten war. Übrig bleiben würden nicht die hohen Preise und Kurse, sondern die Schulden und die Rückzahlungsverpflichtungen. Man übersah, dass das Wachstum überwiegend nicht realwirtschaftlich, sondern finanzwirtschaftlicher Art und damit weitgehend unproduktiv war.

Daher Kurskorrektur 3: Das Führen des Unternehmens an realwirtschaftliche Größen binden.

Navigationsfehler 4: Geldgetriebene und kurzfristige, an ausschließlich finanzwirtschaftlichen Kriterien orientierte Unternehmensstrategien waren nebst billigen Krediten und hohen Boni für kurzfristige Finanzerfolge die mächtigsten Navigationssignale. Sie sind irreführend und führten zur historisch größten Fehlallokation von Finanz- und auch Intelligenzkapital und zur Entstehung des höchsten Schuldengebirges aller Zeiten.

Daher Kurskorrektur 4: Führungskräfte nicht für die Vergangenheit belohnen, sondern für die Zukunft.

Navigationsfehler 5: Verschuldung führt zu Deflation. Aufgrund der seit 2008 anhaltenden massiven Geldschwemme durch die Zentralbanken zwecks Krisenbekämpfung glauben Ökonomen fast unisono, dass die Wirtschaft vor einer gefährlichen Inflationsphase stehe, also dem Gegenteil einer Deflation. Sie blicken daher mit Sorge auf die Konsumentenpreise und finden dort keine Deflationssignale, sondern im Gegenteil beruhigend zurückgehende Inflation. Sie blicken aber auf das falsche Navigationssignal und interpretieren es auch falsch.

Deflation ist kein Konsumgüterphänomen, sondern ein Sachgüterphänomen. An den Konsumentenpreisen kann man die Deflation daher erst in einer späten Phase festmachen. Das verschleiert den Blick dafür, dass in den Sachgütern eine deflationäre Entwicklung bereits im Gange ist. Und man übersieht außerdem, dass eine Deflation bei Konsumgütern selbstverständlich ihren Anfang in sinkenden Inflationsraten hat.

Daher Kurskorrektur 5: Ökonomie zu einem ganzheitlichen System erweitern.

Wie man die Dinge in eine neue Ordnung bringen kann

Die ökonomischen Stellgrößen auch der bestgemeinten und stärksten Krisenbekämpfung werden in dieser Situation wirkungslos durchdrehen. Selbst bei niedrigsten Zinsen wird in einer solchen Lage nicht mit Krediten investiert, und die Konsumenten werden das für sie einzig Vernünftige tun, nämlich sparen und nicht konsumieren, zumal der Konsum ohnehin für die meisten ein Sättigungsniveau erreicht hat, das es ihnen zu verzichten erlaubt, ohne dass sie einen Mangel verspüren. Die Menschen werden Vorsorge treffen für eine ungewisse Zukunft, für sich selbst und ihre Familien.

Die Ökonomie wird lernen müssen, dass die meisten Menschen nur zum kleinsten Teil Gewinn- oder Nutzenmaximierer sind, ja dass sie überhaupt nicht Wirtschaftssubjekte sind, sondern Menschen mit vorwiegend all jenen Eigenschaften, die man in ökonometrischen Modellen gerade nicht abbilden kann. Nicht nur die herkömmlichen Geschäftsmodelle und Managementdenkweisen sind also falsch, sondern auch die ökonomischen Steuerungsmodelle sind weitgehend fehlprogrammiert.

Sie müssen umprogrammiert und in Organisationen eingebettet werden, in denen Fehler dieser Art nicht mehr vorkommen können.

Haupttreiber Komplexität

Aus der dynamischen Vernetzung und dem Zusammenwirken der genannten vier treibenden Kräfte in ihren zahlreichen Verästelungen entsteht die immense Komplexität, die ich für das Hauptmerkmal der Großen Transformation21 halte.

Die Herausforderung durch hohe und wachsende, sich ständig ändernde Komplexität ist der neue Prüfstein für Organisation, Management und Governance. Sie ist der wichtigste neue Einzelfaktor in der Neuen Welt, die größte Herausforderung für die heutigen Organisationen und ihre Führungskräfte, und Gegenstand des nächsten Kapitels.

Kapitel 5

KOMPLEXITÄT IST DER ROH-STOFF DER NEUEN WELT

>»Höhere Fähigkeiten erwachsen nur
aus mehr Komplexität.«
Carsten Bresch

Die eigentliche Generalherausforderung in der Großen Transformation21 ist proliferierende, wuchernde Komplexität und der richtige Umgang mit ihr. Das Management von Komplexität – oder eben sein Fehlen – ist gewissermaßen der Brennpunkt, an dem alle treibenden Kräfte der Transformation zusammenkommen.

Ein Jahr vor dem Ausbruch der Lehman-Krise sagte mir der sehr erfahrene Chef einer großen Bank nach meinem Vortrag über kybernetisches Management: *»Solange ein Problem nach dem anderen kommt, werden wir das bewältigen können. Wenn aber mehrere zugleich kommen, dann werden wir überfordert sein. Darauf ist unsere Organisation nicht eingerichtet.«* Es war eine sehr fortschrittliche Bank mit hochentwickelten Systemen. Sie war daher robust genug, um zu überleben und ihre Verluste zu verkraften.

Dies ist eine der typischen Formen, wie sich die Lösung für komplexe Probleme dem Praktiker darstellt.

Eines nach dem anderen, jeweils separiert, keine oder nur wenige Vernetzungen, linear – das können die Organisationen der Alten Welt sehr gut. Jahrzehntelang hat das genügt und daher haben sie es zur Meisterschaft darin gebracht. So sind auch die typischen Aufbauorganisationen: fast »wasserdichte« Silos um Aufgaben herum, die man getrennt bearbeiten konnte, weil sie ganz oben zusammengefasst und koordiniert wurden. Solche Organisationsformen waren jahrzehntelang sehr effektiv – in der Wirtschaft und noch weit mehr in der staatlichen Verwaltung und generell im öffentlichen Sektor.

Das Komplexitätszeitalter erfordert fundamental andere Lösungen auf Basis eines anderen Denkens, neue Methoden und Instrumente. Es fordert andere Information und Kommunikation und vor allem verlässliches Wissen über die Naturgesetze des Funktionierens.

Komplexität ist der neue »Rohstoff«, eine neue Form von Kapital. Für zuverlässiges Arbeiten der gesellschaftlichen Institutionen, für gesundes Wohlstandswachstum und generell für eine funktionierende Gesellschaft werden Komplexität und komplexitätsgerechte Lenkungssysteme wichtiger sein als Kapital in Form von Geld.

Komplexität kann man zwar ignorieren, aber deswegen verschwindet sie nicht. Man kann sie manchmal reduzieren, zum Beispiel durch ein geschicktes Organisieren. Am wichtigsten ist aber, dass man Komplexität meistern und dass man sie nutzen kann, um

Organisationen *leistungsfähiger, effektiver, schneller, flexibler und intelligenter* zu machen.

Grenzen der alten Denkweisen

Bei hoher Komplexität kommen wir an die Grenzen dessen, was uns durch das reduktionistische Weltbild der klassischen Wissenschaften als Wahrheiten vermittelt wurde, insbesondere auch durch die Wirtschaftswissenschaften. Reduktionistisches und mechanistisches Denken – statt ganzheitliches, systemisches Denken – ist einer der wichtigsten Gründe dafür, dass bei steigender Komplexität so vieles immer weniger funktioniert. Immer öfter erscheinen Organisationen, plötzlich oder auch schleichend, wie gelähmt.

Immer öfter kommen wir an die Grenzen der scheinbar unverzichtbaren Quantifizierbarkeit *und müssen dennoch handeln.* Wir haben keine ausreichenden Informationen *und müssen dennoch entscheiden.* Wir haben keine harten Fakten *und müssen unser Handeln an schwachen, und mehrdeutigen Signalen ausrichten.*

Wer aus der Welt der betriebswirtschaftlichen Berechenbarkeit oder den klassischen Naturwissenschaften kommt, tut sich häufig schwer damit. Hinzu kommt, dass man Komplexität nicht sehen oder spüren kann, und somit fällt sie nicht auf. Wenn etwas nicht funktioniert, dann sucht man Lösungen oft in den alten reduktionistischen Bahnen. Lösungen für komplexe Fragen kann man dort aber nicht finden, sondern nur solche für einfache Fragen. Werden diese dann auch umgesetzt, dann verschlechtert sich die Lage umso mehr. Man steckt also in einem Teufelskreis, dem man ohne Komplexitätskenntnisse nur schwer entkommen kann.

Was ist Komplexität? Was ist Varietät?

Komplexität ist *Vielfalt* – eine Vielfalt, die man messen kann. Ihre Messgröße heißt *Varietät*. Varietät ist die Anzahl unterscheidbarer Zustände, die ein System annehmen oder erzeugen kann.

Komplexität ist dynamische Vielfalt, die sich ständig ändern kann. Dies ist eine der fundamentalsten Eigenschaften der Realität. Sie ist das Resultat von immer dichter werdenden Vernetzungen zwischen Personen, Objekten, Organisationen und Systemen, die vorher separiert waren. Durch ihre gegenseitige Vernetzung wird das Verhalten dieser Systeme wechselseitig voneinander abhängig. Sie werden interdependent, woraus wiederum noch größere Dynamik von sich selbst antreibendem Wandel resultiert. Daraus erwächst noch mehr Komplexität und die Dynamik steigt noch weiter. So entsteht ein sich selbst verstärkenden Kreislauf.

Die Quelle von Komplexität ist also das Zusammenbringen von Dingen, die vorher getrennt und voneinander isoliert waren. Was passiert dann? Es kommt auf die Elemente an: In der reinen Mathematik ergibt 1 + 1 = 2. Wenn ich Mathematik aber praktisch anwende, stimmt das nicht immer. Denn 1 Kaninchen und noch 1 Kaninchen gibt bis zu 12 weitere Kaninchen. Hier ist 1 + 1 = 12. Die nötige Vernetzung kommt ganz von allein zustande.

Ein häufig strapazierter Standardlehrsatz im Management lautet: »Es kommt auf die Menschen an«. Das ist zwar auch richtig. Regelmäßig wird aber übersehen, dass es ebenso sehr auf die *Beziehungen* zwischen Menschen ankommt.

Dies wird klar, wenn wir die Explosion des Beziehungsreichtums zwischen Elementen näher betrachten, die nach der Formel $n(n-1)$ wachsen.

Dazu ein Beispiel: Zwischen 2 Personen bestehen 2 Beziehungen. Diese können im einfachsten Fall gut oder schlecht sein. Dann ändert sich die Formel. Aus $n^{(n-1)}$ wird $2^{n(n-1)}$. Nicht nur den Beziehungsreichtum müssen wir betrachten, sondern auch die Zustandsmöglichkeiten dieser Beziehungen. 2^2 ist 4. Ein Problem wird sich daraus noch nicht unbedingt ergeben – obwohl Ehepaare auch anderes berichten.

Zwischen 3 Personen gibt es bereits 6 Beziehungen, zwischen 4 Personen sind es bereits 12, zwischen 5 sind es 20, zwischen 6 sind es schon 30.

Sechs Personen ist eine typische Teamgröße, die meistens recht gut funktioniert. Die Struktur des Teams kann mit 30 Beziehungen also gut klarkommen.

Warum beginnen aber größere Teams immer schneller schwerfällig zu werden? Ab 10 Personen

würde man nur noch ungern von einem Team sprechen, denn nun hat die vorherige Flexibilität und
Leistungskraft der kleinen Formation umgeschla-
gen; sie beginnt, klebrig und lähmend zu werden.
Liegt es an den zusätzlichen Teammitgliedern oder
am Teamleiter? Vorher ging es doch auch. Jetzt
sind einfach statt 6 Personen 10 da, also 40 Prozent mehr. Bis hierher stimmt die Überlegung, aber
man hat die Systemhaftigkeit der Gruppe übersehen, die nicht in der Zahl der Personen liegt, sondern in ihren Vernetzungen.

Zwischen 6 Personen gibt es die erwähnten
30 Beziehungen. Zwischen 10 Personen gibt es
aber bereits 100 Beziehungen. 40 Prozent mehr
Elemente, aber 230 Prozent mehr Beziehungen.
Und wenn wir die Zahl der Zustände dieses Bezie-
hungsgeflechtes betrachten, so beträgt diese 2^{100}.

Unverstehbar, aber dennoch manageable

Nicht von ungefähr gehört »Komplexität« schon seit
geraumer Zeit zu den am häufigsten verwendeten
Wörtern. In kaum einer Präsentation oder Diskus-
sion von Führungskräften fehlt ein Verweis auf Komplexität – etwa von Märkten, von Produkten und
von Prozessen. Mehr als eine Erwähnung steht dort
aber zumeist nicht. Von einem Wissen über Komplexität, gar einem praktischen Wissen des Umgan-
ges und der Nutzung von Komplexität für ein bes-

seres Funktionieren von Organisationen kann bisher kaum die Rede sein.

Die meisten Menschen haben einen eher intuitiven Zugang zu Komplexität. Sie machen auch keinen Unterschied zwischen Komplexität und Kompliziertheit. Sie assoziieren damit etwas Schwieriges, Unverständliches, Undurchschaubares, womit sie durchaus auch Recht haben. Im Alltag mag dieses intuitive Verständnis daher auch ausreichen.

In Zusammenhang mit Management sind aber genauere Kenntnisse über Komplexität nötig und für Führungsaufgaben immer öfter unerlässlich. Das gilt für alle Arten von Organisationen und es gilt insbesondere im Kontext der Treiberkräfte der Großen Transformation21. Über Komplexität wird man in Organisationen schon bald mindestens genau so viel wissen müssen wie über Menschen oder über Geld.

Der Begriff der Komplexität kommt aus der Kybernetik, wo er einer der absolut zentralen Begriffe ist, so wie Control und Information, Kommunikation und Feedback. Daher ist die Kybernetik auch eine der für Management wichtigsten Wissenschaften, die aber bis heute im Mainstream-Management so gut wie unbeachtet geblieben ist, was wiederum einer der wesentlichen Gründe dafür ist, dass in immer mehr Organisationen statt einem besseren Funktionieren mehr Bürokratie entstanden ist.

Wichtig sind Kenntnisse über Komplexität, wenn man verhindern will, dass Systeme außer Kontrolle geraten. Und besonders wichtig sind sie dann, wenn man Komplexität nutzen will – als Quelle für Intelligenz, Geschwindigkeit, Effektivität, Innovation, Kreativität, Anpassungsfähigkeit und weitere wünschenswerte oder nötige Eigenschaften von Systemen.

Beides ist für das Management der Großen Transformation21 unverzichtbar. Management für die Neue Welt verstehe ich daher unter anderem als das Meistern und Nutzen von Komplexität. Dafür muss man die Naturgesetze kennen, die das Phänomen von Komplexität beherrschen. Diese sind genauso nötig, wie die Naturgesetze von Materie und Energie für die Naturwissenschaften und die Technik.

Einfache und komplexe Systeme

Einfache Systeme stellen keine großen Probleme, was ihre Steuerung, Regulierung und Lenkung – kurz, ihre Kontrolle – betrifft. Ernsthafte Probleme treten auf – dann aber unerbittlich –, wenn ein System komplex ist.

Was ist wirklich unter Kontrolle zu bringen? Es ist in Wahrheit nicht, wie man abgekürzt sagt, das System. Genau genommen ist es die Komplexität des Systems. Die Kernfragen der Kybernetik sind somit von folgender Art: *Wie steuert und reguliert man ein System, wenn es komplex ist? Wie muss die Struktur oder Architektur eines Systems beschaffen sein, damit man seine Komplexität überhaupt unter Kontrolle bringen kann? Was kann man tun, wenn ein System »out of control« ist?*

Hier hilft es, wenn die Fachleute in einer Organisation das *Gesetz der erforderlichen Varietät* kennen. Es lautet: »Only variety can control variety«. Nach seinem Entdecker, dem englischen Pionier der Neurokybernetik, Ross W. Ashby, wird es auch »Ashby's Law of Requisite Variety« genannt. Für das Management komplexer Systeme hat es dieselbe Bedeutung wie Newtons Gravitationsgesetz für Physik und Technik.

Das ist die eine Hälfte dessen, was die Kybernetik interessant und Komplexität wichtig macht. Die andere Hälfte hängt mit der Erkenntnis zusammen, dass *einfache* Systeme gewisse Fähigkeiten gar nicht haben *können*. Wie der Physiker, Biologe und Genetiker Carsten Bresch es treffend formulierte: »Höhere Fähigkeiten erwachsen nur aus mehr Komplexität«.

Dieser Umstand wird häufig übersehen. In zahlreichen einschlägigen Büchern findet man Passagen, die sinngemäß lauten, dass man die Komplexität eines Systems reduzieren müsse, um es unter Kontrolle zu bringen. Das ist nur die halbe Wahrheit. Selten wird die damit einhergehende Gefahr erwähnt, das System selbst und seine wichtigsten Eigenschaften und Fähigkeiten zu zerstören.

Damit ein Lebewesen zum Beispiel in einem höheren und anspruchsvollen Sinne lernen kann, muss es ein Mindestmaß an Komplexität haben. Lernen ist unterhalb einer gewissen Grenze von Komplexität nicht möglich. Daher sind Organismen auf der Evolutionsleiter ganz unterschiedlich lernfähig, Insekten weit geringer als Primaten. Dasselbe gilt für Wahrnehmung.

Es gilt für Kommunikation. Und es gilt auch für die Fähigkeiten des Denkens und des Bewusstseins.

Dieselben Überlegungen wie für Lebewesen gelten auch auf den technischen Gebieten. Höhere Leistungs-fähigkeit – wie etwa in der Neurochirurgie oder in der Avionik – erfordert eine entsprechend hohe Komple-xität der Systeme.

> Etwas besteht aus etwa 15 kg Kohle, 4 kg Stick-stoff, 1 kg Kalk, 1/2 kg Phosphor und Schwefel, etwa 200 g Salz, 150 g Kali und Chlor und etwa 15 anderen Materialien sowie ziemlich viel Wasser. Was ist das?

Diese Frage stellte ich jahrelang nicht nur meinen Studenten, sondern vielen »gestandenen« Managern. Meistens herrschte Stille. Nach einer Weile sagt jemand: »*Ein Mensch …*« Ganz offenkundig ist das aber kein Mensch, sondern ein Haufen Rohstoffe. Es ist das, was von einem Menschen übrig bleibt, wenn der Chemiker seine Arbeit geleistet hat … Es ist das, was wir erhalten, wenn wir den Menschen in seine materiellen Bestandteile zerlegen – wenn wir einem Lebe-wesen das nehmen, was es zum Lebewesen macht.

Dieses Beispiel zeigt: Wichtig sind nicht die Ma-terialien. Wichtig ist vielmehr ihre *Organisation*, die *Ordnung*, die sie aufweist, ihre *Vernetzung*, die nötig ist, damit Leben entsteht; das *In-Form-Bringen*, also die *Informierung*, die die Materialien in eine *dynami-sche Ordnung* bringt.

Was wir Wirklichkeit nennen, insbesondere Leben, ist nicht Materie und Energie, sondern es ist geordnete, informierte Materie und Energie.

Geprägt durch konventionelle naturwissenschaftliche Denkweise und erzogen auf der Grundlage ihrer Logik, erkennen wir nicht gleich, dass es darauf ankommt, wie man diese Materialien organisiert. Genau das aber ist der springende Punkt.

Das ist es, was die Kybernetik so wichtig macht. Eine ihrer bedeutendsten Einsichten besteht darin, dass Materie und Energie für den Charakter und die Fähigkeiten eines Systems vergleichsweise wenig Bedeutung haben. Woraus ein System besteht, ist weniger wichtig als wie seine Elemente dynamisch vernetzt sind. Wesentlich ist die *Information*, die die Grundelemente *ordnet* und *organisiert*. Dadurch erst werden die Bausteine überhaupt zu einem System.

Kompliziert oder komplex?

Komplexität hat zwei Gesichter: Sie ist Gefahr und Chance zugleich. Wenn man mit ihr nicht umzugehen weiß, ist sie der Grund für die zunehmende Überforderung und schließlich für den Stress-Kollaps von Systemen. Man würde Reduktion mit Recht verlangen.

Andererseits ist Komplexität aber auch der Rohstoff für Information, für Intelligenz und Kreativität. Dies macht Management einerseits schwierig, andererseits aber, sofern richtig gehandhabt, überhaupt erst erfolgreich.

Komplexe Systeme nennt man deshalb auch Black Boxes, weil ihr Verhalten undurchschaubar und unverständlich ist. Sie sind unberechenbar. Man kann kaum oder auch gar nicht sagen, was als nächstes passieren wird. Es gibt also nur die Möglichkeit, auf die nächste Aktion zu warten, und zu hoffen, dass man dann irgendwie doch richtig darauf reagieren kann. Je größer das eigene Handlungsrepertoire ist, desto mehr Chancen hat man, mit der Situation richtig umzugehen. Schachspiel gegen einen kompetenten Gegner gehört zum Beispiel in diese Kategorie. Je nach geografischer Lage ist auch das Wetter eine Black Box, ebenso wie Verhandlungen in Politik und Wirtschaft.

Wenn etwas sehr komplex erscheint und daher Schwierigkeiten macht, dann kommt, wie erwähnt, recht schnell der Reflex, Komplexität zu reduzieren. Häufig übersieht man dabei, dass es gar nicht um Komplexität geht, sondern vielmehr um *Kompliziertheit*, was etwas ganz anderes ist. So sind Uhren zwar kompliziert, aber gerade das Gegenteil von komplex, denn sie tun überraschungsfrei das, was sie tun müssen. Oft macht man auch den Fehler, für komplexe Systeme komplizierte Lösungen anzuwenden. So können zum Beispiel Ampelregelungen für komplexe Straßenkreuzungen enorm kompliziert sein. Dieselbe Kreuzung kann aber auch durch einen Kreisverkehr geregelt werden. Die Komplexität des Verkehrs bleibt gleich, aber die Lösung ist einfach und sogar elegant – und sie kostet kaum etwas.

Für die Herausforderungen der Komplexität sind heutige Organisationen zumeist nur schlecht gerüstet. Überraschend ist das nicht, denn wie ich oben schon sagte, stammen ihre Strukturen und Funktionsweisen aus der vergleichsweise einfachen Welt des vorigen Jahrhunderts.

In den technischen Abteilungen hat man heute zwar sehr gute Regelungs- und Steuerungsingenieure, aber es kommt kaum jemandem in den Sinn, dass deren Kenntnisse identisch mit Kybernetik sind – und dass die Anwendung ihrer Kenntnisse, also von Kybernetik, nicht auf die Technik beschränkt zu werden braucht. Weil sie den Prozess der Komplexifizierung zu wenig beachtet haben, haben viele Organisationen es versäumt, vorausschauend die Regulierungs- und Managementsysteme für die heutigen Bedingungen zu (er)finden. Die systematische Anwendung ihrer Kompetenz in Regelungstechnik auf ihre eigene Organisation kann solche Firmen in die Praxis des systemkybernetischen Managements katapultieren.

Wenn hoher Komplexität nur mit komplizierten Lösungen begegnet wird, sind wir schnell irritiert. Ein Beispiel dafür ist etwa die Komplexität der Bürokratie und die die Kompliziertheit des Bürokratismus. Die Erfahrung eines kafkaesken Bürokratismus, einer absurden, realitätsfernen, sich verselbständigenden Bürokratie macht niemand gern. Wenn die Herrschaft der Verwaltung bürokratisch überzogen überhand nimmt, und Vorschriften höher als den Menschen stellt und ihn als Objekt behandelt, treibt der Amtsschimmel uns in den Wahnsinn. Professionalität in der Verwaltung kann dagegen auch ein Beispiel höchster Effektivität und Effizienz sein.

Kapitel 6

SYSTEMS OUT OF CONTROL?

> »… control and communication
> in the animal and the machine«
> *Norbert Wiener*

»Out of Control !« … So sprangen die Headlines in den Medien die Menschen an, als 2008 die Krise mit voller Wucht ausbrach, und binnen weniger Stunden die Horrormeldungen von stürzenden Aktienkursen und zusammenbrechenden Banken von überall her eintrafen. Von New York aus raste der finanzielle Hurricane rund um die Welt. Eine erste Vorahnung kam auf, was für ein Monstrum mit dem heutigen Finanzsystem in die Welt gebracht worden war.

Nur wenig später kam ein zweites »Out of Control«, als bekannt wurde, wie ohnmächtig und hilflos die Menschen in den Finanzzentren im Handling der Katastrophe zunächst waren. Zusammenbrechende Leitungen von Computern und Telefonen, keine Verbindungen, alles verstopft, überall Besetztzeichen oder gar nichts; kein Weg, Information zu übermitteln und Entscheidungen umzusetzen, erschöpfte Trader, Manager, Notenbanker und Regierungen … System out of control.

Man nannte das Geschehen Finanzkrise. Es war zwar auch eine Krise der Finanzen, aber noch weit mehr eine Krise der Steuerungssysteme der Finanzen. Nicht nur der Blutkreislauf kollabierte, sondern auch das Nervensystem..

Um Haaresbreite wurde eine globale Katastrophe gerade so vermieden. Die Nachwehen dauern heute noch an – mit Stabilisierungsmaßnahmen im astronomischen Bereich, mit den größten geldpolitischen Experimenten aller Zeiten. Die Welt ist höher verschuldet als je zuvor.

Ob Lehman, Fukushima, Tsunami 2004, Erdbeben in Haiti oder in Nepal: Irgendwann tritt Stille ein, wenden die Medien sich ab, haben die Menschen von Katastrophennachrichten genug. Und irgendwann kommt auch eine neue Normalität zurück – und sei die Normalität jene Wüste, wo vorher fruchtbares Land war.

Unsere aktuelle Liste der »Out of control«-Systeme ist lang und gerade in den Teilbereichen der Treibern der Großen Transformation gut erkennbar: die stockende Energiewende, die Tatsache, dass mit geschätzten 60 Millionen mehr Menschen denn je auf der Flucht sind und vieles mehr.

Zum Glück gibt es auch andere Beispiele: Bestens funktionierende Rettungseinsätze bei Flugzeugnotlandungen, Großbränden oder Massenkarambolagen auf Autobahnen, diszipliniertes und koordiniertes Vorgehen, professionelles Zusammenarbeiten der Rettungsdienste und zuverlässige Kommunikation.

»Alles unter Kontrolle!« Unter Kontrolle sein heißt, es funktioniert. Wenn etwas aber funktioniert, dann fällt das fast niemandem auf. Man achtet gar nicht darauf, eben weil es funktioniert, und deswegen lernt man auch nicht daraus.

Was *nicht* funktioniert, fällt auf. Darüber berichten die Medien, das fällt uns selbst auf. Der Flughafen Frankfurt hatte 2014 rund 60 Millionen Flugpassagiere, bei deren Flügen alles glatt lief. Die Londoner Underground befördert täglich bis zu 3,7 Millionen Menschen sicher im öffentlichen Verkehrsnetz. Darüber berichten weder die Medien noch wollen wir das lesen und hören.

Würden wir eine Liste machen, was alles heute funktioniert – sie wäre tatsächlich länger als jene über die Dinge, die nicht funktionieren ...

»To be out of control« bedeutet, dass die Regelungsmechanismen – die Control Systems – nicht mehr ausreichen, um die Komplexität des Systems zu meistern. »To be in control« heißt, dass die Regelungssysteme und daher auch das Gesamtsystem funktionieren. Beides liegt in Ashbys Gesetz der erforderlichen Komplexität begründet.

»Out of control«-Situationen haben die meisten schon mal erlebt: beim Autofahren, wenn der Wagen auf winterlichen Straßen ins Schleudern gerät, oder bei überhöhtem Tempo. Wir haben erfahren, wie einem zumute ist – Angst, Herzrasen, Schweißausbruch, Panik. Oder auch umgekehrt, wenn man die Situation »im Griff« hat: Coolness, Souveräni-

tät, sogar Spaß – alles unter Kontrolle, »Herr« oder
»Frau« der Lage.

Im Auto greifen heute die hochentwickelten Fah-
rerassistenzsysteme sogar schon bevor der Wagen zu
schleudern beginnt. Hochinteressant. Können kybernetische Regelsysteme »um die Ecke schauen?«

Das wird uns für Management und Governance
noch beschäftigen. Denn die Frage ist: Was löst den
Regelungsvorgang aus? Bei technischen Systemen
klappt das heute im Wesentlichen vorzüglich.

New Governance by Cybernetics:
Communication and Control

Das Wort »Kybernetik« kommt vom griechischen *ky-
bernetes, was Steuermann heißt.* Es findet sich in Be-
griffen wie Governor, Gouverneur und Governance.
Bereits 1867 schrieb James C. Maxwell eine »Theory
of Governors«. Es war eine mathematische Verallge-
meinerung des Fliehkraftreglers, den James Watt in-
dustriell bei der Dampfmaschine anwendete.

Kybernetik ist die Wissenschaft vom Steuern, Regeln und Lenken. Interessant und wichtig wird das,
wenn Probleme auftauchen, für deren Lösung das All-
tagsverständnis allein nicht mehr ausreicht. Dies ist
der Fall bei jenen komplexen Systemen, die ich im vorherigen Kapitel besprochen habe. Was aber soll eigentlich geregelt werden? Im Kern und auf oberster Ebene
einer Organisation sind drei Fragen zu beantworten:

- WAS soll die Institution tun (Organisation)?
- WO muss die Institution funktionieren (Umwelt)?
- WIE muss die Institution funktionieren (Governance)?

Wie der Vater der modernen Kybernetik, der amerikanische Mathematiker Norbert Wiener, zur Kybernetik kam, und wer auf diesem Gebiet sonst noch wichtig war, ist eine eigene Geschichte. Wichtig ist hier der Titel, den Norbert Wiener seinem 1948 veröffentlichten Buch gab: *Cybernetics – or Control and Communication in the Animal and the Machine.*

Die Kybernetik ist die vielleicht wichtigste Wissenschaft des 20. Jahrhunderts gewesen. Aber man hat damals öffentlich viel intensiver über die Atomphysik diskutiert als über die Kybernetik. Die Kybernetik ist es aber, die das 20. Jahrhundert in das 21. transformiert.

Sie wird unser Leben von Grund auf verändern. Ohne Kybernetik gäbe es schon heute keine Computer und Roboter; keine Elektronik und keine Informatik, kein Internet; auch keine Digitalisierung, in der Medizin keine Intensivstationen und keine nicht-invasiven Operationsmethoden; in der Schifffahrt würden wir noch mit dem Magnetkompass navigieren; Flugzeuge müssten bei schlechtem Wetter zwischenlanden und Raumfahrt wäre unmöglich. In der industriellen Produktion und Logistik wären wir in den 1960er Jahren stehengeblieben. Es gäbe weder die rasanten Fortschritte in den biologischen Disziplinen noch die Gentechnik.

Die mit der Kybernetik verbundenen Entwicklungen schaffen, wie es für jede Wissenschaft gilt, auch Risiken, aber noch viel größere Chancen. Wer Erstere vermeiden und Letztere nutzen will, dem wird die Kybernetik dafür das nötige Wissen geben.

Es waren die *Kybernetik* und die eng mit ihr zusammenhängenden Gebiete der Komplexitätswissenschaften *Systemtheorie*, *Informationstheorie*, und *Kommunikationstheorie*. Sie haben es ermöglicht, die dritte Grundgröße der Natur, *Komplexität* – und eng verwandt – *Information und Ordnung*, zu verstehen, zu erklären und sie schließlich systematisch zu nutzen.

Bis dahin »kannte« man in der Wissenschaft nur zwei elementare Größen: *Materie* und *Energie*. Das sind die »Gegenstände«, mit denen sich die Physik und Chemie im Zuge der Aufklärung befassten. Und auf diese versuchte man die Erscheinungsformen der Welt zu *reduzieren*. Dieser Forschungsansatz hat uns einen enormen Zuwachs an Erkenntnissen und infolge an technischen Möglichkeiten gebracht. Mit der Integration der dritten Grundgröße erst können wir das Funktionieren verstehen und auch herbeiführen.

Die meiner Meinung nach interessantesten Entwicklungen spielen sich heute übrigens über die technischen Gebiete und die der Informatik hinaus in den Biowissenschaften ab. Dort kommen sie wiederum in erster Linie aus den Neurowissenschaften, der Erforschung von Gehirnen und Zentralnervensystemen. Verwunderlich ist das nicht. Schließlich ist es das Zentralnervensystem, das einen Organismus kontrolliert und steuert. Hirnforschung ohne kybernetische Einsichten und Konzepte ist heute nicht mehr vorstellbar.

Kybernetik ist eine eigenständige Wissenschaft. Ihre Basis ist die Entdeckung, dass es *natürliche Gesetzmäßigkeiten* gibt, welche die Kontrolle und Steuerung und somit das Funktionieren *aller* Systeme bestimmen. Dabei ist es gleichgültig – was wiederum eine Entdeckung von größter Bedeutung war –, ob es natürliche oder künstliche, biologische, physikalische, technische, soziale oder ökonomische Systeme sind.

Das ist es, was die Kybernetik zu einer grenzüberschreitenden, *transdisziplinären* und universellen Wissenschaft macht, was wiederum weit mehr als »interdisziplinär« ist. Das war es, was Norbert Wiener zu dem vielsagenden Untertitel für sein Buch veranlasste: »*… in the Animal and the Machine …*«, womit er die Überwindung des Grabens zwischen der natürlichen und der künstlichen Welt meinte, der das Verstehen von komplexen Systemen seit der Antike blockierte.

Kybernetik für Selbstfähigkeiten

> »Organize a system so as to make it self-organizing.«
> *Stafford Beer*

Bisher sprach ich von Regeln, Steuern und Lenken, von Control und Communication. Das impliziert, dass da *jemand* ist, der das tut. Kybernetik geht aber weiter. Sie macht den so eminent entscheidenden Schritt zu jenen Systemen, die komplex genug sind, um *Selbst-fähigkeiten* zu haben, wie ich sie nenne. Es sind die sich selbst regulierenden, sich selbst steuernden und sich selbst organisierenden, sich selbst ändernden, sich selbst reparierenden und heilenden und sich selbst entwickelnden – also evolvierenden Systeme.

Einer der Schlüsselbegriffe der Kybernetik ist jene Art von »Systemic Control«, die aus den erwähnten Selbstfähigkeiten resultiert. Für Stafford Beer, dem Begründer der Anwendung von Kybernetik auf Management, ist der Oberbegriff für seine Werke »The Managerial Cybernetics of Organization«.

Kybernetisches Management oder umgekehrt Management-Kybernetik ist das Anwenden der fortgeschrittenen Kybernetik auf komplexe Systeme der Gesellschaft, also für das ganzheitliche Management aller Arten von Organisationen. Management-Kybernetik ist gleichzeitig auch das Meistern von Komplexität.

Wirtschaften ist zu wenig

Management, wie es heute meistens verstanden und gelehrt wird, ist das Kind eines folgenschweren institutionalisierten Irrtums. Management wird als Teil der Betriebswirtschaftslehre angesehen, weil man es mit dem Führen von Wirtschaftsunternehmen gleichsetzt. Folgerichtig wird es daher den betriebswirtschaftlichen Fakultäten zugeordnet beziehungsweise im anglo-amerikanischen Bereich den Business Schools.

Da gehört Management aber nicht hin. Dass es dort gelandet ist, erklärt allein schon viele der Fehlentwicklungen in der Führung von Unternehmen und auch aller anderen Organisationen.

Wohin gehört Management aber dann? Was ist der Zweck von Management? Management hat mit Wirtschaften an sich nichts zu tun, obwohl man es auch dafür einsetzen kann. Management hat vielmehr mit *Funktionieren* zu tun.

Am besten kann Management verstanden werden als jene gesellschaftliche Funktion, die die Organisationen und Systeme einer Gesellschaft zum Funktionieren bringt. Die wissenschaftliche Basis dafür ist eben die Kybernetik, denn sie hilft uns zu verstehen wie und warum etwas funktioniert und etwas anderes nicht.

Management würde also zu jenen Fächern gehören, die sich mit dem Funktionieren befassen, und dies wiederum heißt, mit Regulieren, Steuern, Lenken und Gestalten. Der gemeinsame Begriff dafür ist »Control«.

Richtig verstandenes Management ist somit angewandte Kybernetik: angewandt auf Organisationen jeder Art. Historisch ist Management auch nicht in der Wirtschaft entstanden, wie man im Allgemeinen glaubt. Dort wird es allerdings bisher am systematischsten angewandt und weiterentwickelt. In Unternehmen der Wirtschaft sieht man auch am besten und schnellsten die Unterschiede von gutem und schlechtem und von richtigem und von falschem Management. Der Hauptgrund dafür ist, dass Unternehmen von allen Organisationen die klarste und am einfachsten festzustellende Bottom Line haben. Daher können Erfolg und Misserfolg am schnellsten und leichtesten festgestellt werden.

Bei allen anderen Organisationen, wie zum Beispiel Theater, Schulen, Krankenhäusern, Universitäten, Städten, Ministerien, Polizei, Rettungsdiensten und so weiter muss zwar auch gewirtschaftet werden, doch das Wirtschaften ist nicht ihr Zweck. Alle müssen aber funktionieren.

Kapitel 7

KOMPLEXITÄT FÜR DAS FUNKTIONIEREN VON ORGANISATIONEN

> »Man in his social and political existence
> must have a functioning society just as he must have air
> to breathe for his biological existence.«
> *Peter F. Drucker*

Was sind nun die Lösungen für die beschriebenen Herausforderungen, komplexe Organisationen so zu gestalten und zu lenken, dass sie Pioniere im Aufbruch sein können? Die Antwort darauf betrifft zum einen die Organisationen und zum anderen die Personen in diesen Organisationen.

Zwei Ebenen des Funktionierens

Um zu guten Lösungen zu kommen, muss man zwei verschiedene Ebenen des Funktionierens von Organisationen unterscheiden. Obwohl die Unterschiede wirklich fundamental sind, werden sie mehrheitlich übersehen oder durcheinander gebracht. Meist hilft es, sich dem kybernetischen Management über die Analogie zum menschlichen Organismus zu nähern.

In der Medizin unterscheidet man bekanntlich Anatomie und Physiologie. Zur Anatomie gehören die Organe, Muskeln und Gliedmaßen. Zur Physiologie gehören Prozesse wie Blutkreislauf, Atmung und Verdauung. Entsprechendes können wir auch für Organisationen unterscheiden: Die »Organe« eines Unternehmens sind unter anderem die Funktionsbereiche wie Marketing, Human Resources, Rechnungswesen, Forschung und Entwicklung sowie etwa die Produktionswerke, Verkaufsorganisationen und Tochtergesellschaften. Diese sind in den Organigrammen der Aufbauorganisation abgebildet. Typische Sachprozesse sind zum Beispiel das Forschen, Entwickeln, Verhandeln, Verkaufen, Liefern, Montieren und Beschaffen. Diese werden in speziellen Prozessdiagrammen im Rahmen der Ablauforganisation dokumentiert.

Zusätzlich zu Anatomie und Physiologie hat der Mensch aber auch ein Nervensystem. Das dem Nervensystem entsprechende Gegenstück für Organisationen ist das Managementsystem. Dies aber nicht als Personen oder Gremien verstanden, sondern als jene *Steuerungs- und Regulierungsprozesse*, die jeden der Sachprozesse engstens begleiten und für dessen Funktionieren sorgen. In den Organisationsabbildungen und Handbüchern fehlt dies aber so gut wie immer. Management wird dort aufgeführt als Personen und Gremien.

Als gelernter Mediziner würde kein Arzt das Nervensystem übersehen. Aber selbst in den Kliniken kommt das Analogon zum Nervensystem in den Organisationdarstellungen nicht vor.

Ohne Nervensystem könnte unser Körper aber nicht funktionieren, und ebensowenig würde eine Organisation ohne Steuerungs- und Regulierungsprozesse, also Management, funktionieren. Von daher leitet sich auch mein Verständnis ab, dass Management jene Funktion ist, die die Systeme und Organisationen einer Gesellschaft zum Funktionieren befähigt.

Das Nervensystem entspricht den Managementprozessen. Dort findet die Kybernetik des Funktionierens statt, also das Steuern und Regulieren der Sachprozesse. Dort geschieht über die Nervenbahnen auch das Kommunizieren, denn dieses steuert Prozesse. Ich erinnere an »Control by Communication«. Dort finden sich unzählige, zum Teil hochspezialisierte Systems Controls. Dort ist auch die Quelle der nötigen Variety, die dem Ashby-Gesetz zufolge nötig ist, um die Varietät des Organismus abzudecken.

Das zeigt sich daran, dass das Nervensystem bis in die äußersten und kleinsten Kapillaren des Organismus reicht, und Organe und Prozesse vernetzt – zumeist nicht nur im Sinne eines »Kabels« oder einer »Leitung«, sondern als eigenes Netzwerk, das im Fachjargon »anastomotic reticulum« genannt wird.

Die kapillaren Nerven werden den Hirnformationen verdichtet über das Rückenmark zugeleitet, wo den Controls von Organen und Prozessen bestimmte, relativ stabile Zonen zugeordnet sind. Eine besonders reich vernetzte und komplexe Formation ist beispielsweise das Kleinhirn, das das Control System des Bewegungsapparates ist. Dieser ist einer der komplexesten Teile des Organismus und braucht daher ein besonders aufwändiges Control System. In der Kybernetik nennt man das ein High Variety System.

In der Robotertechnologie sind solche High Variety Systems große Herausforderungen für die Steuerung der Bewegungsabläufe. Die elegantesten Lösungen dafür hat bisher der Schweizer Professor für Künstliche Intelligenz, Rolf Pfeiffer, kreiert. Er zeigt eindrucksvoll, wie einfach die Controls von hochkomplexen Systemen und Prozessen sein können.

Sachaufgaben und Managementaufgaben

Organe und Prozesse fasse ich unter dem Begriff »Sachebene« oder »Sachaufgaben« zusammen. Das Nervensystem ist die logisch übergeordnete »Managementebene«. Jeder Prozess muss gesteuert werden, wobei es dafür immer mehrere Lösungen geben kann. Ich erinnere an Ampelkreuzung und Kreisverkehr. Daher ist für das Funktionieren immer beides nötig: Prozesse und Process Controls. Man sieht nun, warum man diese Ebenen unterscheiden muss, um heillose Konfusionen zu vermeiden.

Die erste Ebene ist je nach Organisationstyp naturgemäß völlig verschieden. So haben Regierungsministerien ganz andere Sachaufgaben als Wirtschaftsunternehmen, und Kliniken haben wieder andere als Opernhäuser. Ein Autounternehmen hat andere Sachaufgaben als eine Bank.

Im Gegensatz dazu sind die Aufgaben der Steuerung auf der übergeordneten Managementebene immer gleich, egal ob Ministerien, Unternehmen oder Krankenhäuser, egal ob Autounternehmen oder Bank. Überall sind dieselben fünf Schlüsselaufgaben zu erfüllen, damit die Sachebene funktioniert: Man muss 1. für Ziele sorgen, 2. organisieren, 3. entscheiden, 4. kontrollieren und 5. Menschen entwickeln. In meinem Buch *Führen Leisten Leben* stehen die Details dazu.

Dort finden sich auch die Managementwerkzeuge, die ebenfalls in jeder Organisation gleich sind. Es sind derer sieben: 1. Sitzungen, 2. Berichte, 3. Job Design, 4. Arbeitsmethodik, 5. Budgetierung, 6. Leistungsbeurteilung und 7. die systematische »Müllabfuhr«.

Diese Unterscheidung erstreckt sich sogar auf die Organisationskultur, wo die vielleicht größte Verwirrung besteht. Auf der Ebene der Sachaufgaben sind die Kulturen selbst sehr ähnlicher Unternehmen meistens sehr verschieden. Hingegen muss auf der Ebene des Managements die Kultur überall gleich oder sehr ähnlich sein, denn für das Funktionieren braucht man dort eine Kultur der Leistung, der Professionalität und der Effektivität – die Kulturwerte des Funktionierens.

Die Konstanten im Wandel: Master Controls

Wie managt man nun eine ganze Organisation oder beispielsweise deren Tochtergesellschaften? Wie managt man eine Klinik und ihre Abteilungen? Wie das Gesundheitswesen eines Landes? Man managt sie mit Master Controls. Das sind die obersten Gesetze und Regeln einer Organisation.

Ich erinnere daran, dass ich von den Bedingungen hoher Komplexität, von sich selbst verstärkender Eigendynamik und nicht zu ändernder Ungewissheit gesprochen habe. Die praktische Frage ist: *Wie muss ich heute handeln, wenn ich davon ausgehen muss, dass ich nicht weiß, wie die Zukunft sein wird?*

Mit Systempolitik stoßen wir nach dem bisher Gesagten auf den Kern des Funktionierens einer Organisation, unabhängig von ihrem Typ und ihrer Erscheinungsform. Politik – im Englischen *Policy* – bedeutet Meistern von Komplexität durch Regulieren mittels Gesetzen und Regeln.

In gut funktionierenden Organisationen ist das ebenso. Dort haben wir Zwecke, Werte, Regeln und Ziele. Diese Regulatoren sind das Ergebnis von sogenannten normativen Entscheidungen. Normativ sind solche Entscheidungen, die originär, allgemein und zeitlos sind und nicht mehr weiter begründet werden.

Hier finden wir die Quelle der kybernetischen Selbstfähigkeiten. Die richtigen systempolitischen Regeln befähigen eine im Prinzip unlimitierte Zahl von Mitarbeitern, sich selbst zu koordinieren, sich selbst zu organisieren und mit ihren Fähigkeiten selbstständig und situationsgerecht und gleichzeitig dem Zweck entsprechend zu handeln. Darin liegt die entscheidende Regulierungswirkung für komplexe Umstände. Kurz gefasst:

Control = Regel x Anzahl ihrer Anwendungen + Feedback

Wenn solche Regelungen wirksam in Kraft gesetzt sind, kann das Top-Management gewissermaßen in Ruhe zusehen, wie das System von allein läuft – vorausgesetzt, dass man zusätzlich die übergreifend nötigen Systeme installiert hat, die verlässlich anzeigen, wenn etwas außer Kontrolle zu geraten beginnt.

Wie Master Controls funktionieren

Das Navigieren und Lenken von komplexen Systemen erfolgt über system-kybernetische Controls. Wie der Name sagt, üben sie lenkende Wirkung über das ganze System und über unbegrenzte Zeit aus. Sie sind die systemischen Navigatoren, und umso wichtiger je komplexer ein System ist. In der Natur ist das ebenso. Die DNA übt ihre Lenkung im gesamten Organismus in jeder einzelnen Zelle und damit systemweit aus. Was immer »da draußen« im Organismus und seiner Umwelt passiert, es wird mitgesteuert durch den genetischen Code. Also brauchen wir das Analogon des genetischen Codes auch in allen Organisationen.

Die entsprechenden Controls für heutige Organisationen, also die Navigationsinstrumente, sind in der

Praxis: der Zweck, die Mission, die Policy, die Governance und die Strategie. Damit diese über das gesamte System hinweg effektiv sein können, ist auch eine bestimmte Struktur nötig – die Viable-System-Struktur – und eine bestimmte Kultur – die Culture of Effectiveness – sowie Führungskräfte, die ihre Profession beherrschen.

Ein Teil dieser Controls entspricht funktionell dem »genetischen« Code. Master Controls sind Regeln, die zeitlich konstant bleiben oder nur unter bestimmten Umständen geändert werden können, wobei auch die Regeln für die Änderung der Regeln Teil der Master Controls sind. Es sind die Konstanten im Wandel.

Ein sehr frühes und nach wie vor gutes Beispiel ist die berühmte Benediktinerregel, durch die Benedikt von Nursia bereits im Jahr 529 die »DNA« des Benediktiner Ordens festlegte. Sie war die Grundlage dafür, dass die Vereinheitlichung des mittelalterlichen Klosterwesens wirksam organisiert werden konnte. Ein Faksimile des Regelexemplars befindet sich als *Codex Sangallensis 914* in der Stiftsbibliothek von St. Gallen.

Die Systempolitik

> »Effective executives don't make many decisions.
> They solve generic problems through policy.«
> *Peter F. Drucker*

Master Control durch Systempolitik unterscheidet sich grundlegend von herkömmlichen Auffassungen über Unternehmenspolitik, die im Wesentlichen auf Wirtschaftswissenschaft beruhen. Es ist umfassende Systempolitik, die den Evolutionssprung von der Regulation zur Selbstregulation und von der Organisation zur Selbstorganisation auslöst, indem man die systemimmanenten Kräfte nutzt.

Control, Steuern und Regulieren sind nur andere Begriffe für Managen. Diese Begriffe bedeuten im Kern dasselbe: Ordnung schaffen, wo sonst keine wäre, und Richtung geben, wo sie fehlt. Regulieren erfolgt durch Regeln. Systemgerechtes Regulieren folgt, wie oben dargestellt, immer derselben kybernetischen Logik.

Im kybernetischen Sinne heißt Governance also: *Manage ein System so, dass es sich selbst managen, sich selbst regulieren und sich selbst organisieren kann.*

Master Controls müssen inhaltlich und formal nach bestimmten Prinzipien gestaltet werden. Denn es liegt auf der Hand, dass man in eine Organisationspolitik auch Gemeinplätze oder wohlformulierten Unsinn schreiben kann. Das kommt regelmäßig dann vor, wenn man den Zweck von Controls nicht verstanden hat. Die Erarbeitung einer Politik verkommt dann häufig zu einer Alibiübung.

Um dies zu vermeiden, gibt es Regeln für die Bestimmung der Inhalte und für die Formulierung. Entscheidend ist auch der Zweck dieser Controls selbst: *Deren Inhalte sind zeitlich unbegrenzte Entscheidungen über die Tätigkeit der Organisation und über ihr Funktionieren.* Die Entscheidungen gelten so lange, bis es externe oder interne Signale dafür gibt, dass ein Änderungsbedarf entstehen könnte.

Man beachte, dass dem Zwei-Ebenen-Konzept folgend, die Controls als Regulierungsinstrumente von der Sachtätigkeit der Organisation zu unterscheiden sind. Je nach Organisationstyp können auch die Bezeichnungen variieren. Ihre Wirkung ist aber stets dieselbe. So gibt es eine Krankenhauspolitik ebenso wie eine Unternehmenspolitik, einen Universitätszweck (zumeist in einem ehrwürdigen Gründungsstatut festgehalten) ebenso wie den Zweck eines Flughafens.

Wie wichtig und kraftvoll diese Controls sein können, kann ich am Bespiel des Zwecks illustrieren: Es macht einen fundamentalen Unterschied, ob als Zweck eines Unternehmens die Schaffung von Shareholder Value festgelegt wird oder die Schaffung von zufriedenen Kunden. Die Führung dieses Unternehmens muss je vollständig anders sein. Im Endeffekt programmiert der Shareholder-Zweck den Untergang des Unternehmens, der zufriedene Kunde aber dessen anhaltende fortdauernde Prosperität.

Modes of Organisation

Ein zweites Instrument für das Lenken von komplexen Systemen nenne ich Organisationale Modi. Der Modus eines Systems ist eine bestimmte Art und Weise seines Verhaltens. Mit dem Master Control »Modus« kann ich eine Reihe von grundlegenden Generalzuständen oder Programmen einer Organisation festlegen beziehungsweise ändern. In der Fachsprache der Kybernetik nennt man die Möglichkeit, das System durch das Wählen von Programmen zu steuern, auch »Redundancy of Potential Command«.

Typisch und wichtig ist, dass Modi sich gegenseitig ausschließen. Ein System kann sich also gleichzeitig immer nur in einem Modus befinden. Bei Organismen sind typische Modi zum Beispiel Schlafen, Fressen, Fliehen, Angreifen. Ein Tier kann nicht gleichzeitig fliehen und fressen oder schlafen und angreifen.

In jedem Modus sind nur bestimmte Verhaltensweisen möglich, diese aber auf höchstem Performance-Niveau. Gleichzeitig kann sich mit der Modusveränderung nicht nur das Verhalten, sondern auch die Organisation des Systems verändern. Man hat also Organisationsvarianten auf Vorrat, was ganz einfach zu sehen ist, wenn eine Feuerwehr vom Standby- in den Emergency-Modus wechselt.

Eine Organisation jeweils rasch genug in den situationsgerechten Verhaltensmodus zu versetzen, gehört zur obersten Lenkungsaufgabe. Die gesamten Aktivitäten der Organisation müssen dann unter eine einzige Generalpriorität gestellt werden, der alles andere untergeordnet wird. Diese Entscheidung zu treffen, ist zumeist ein Akt echter Leadership, vor allem wegen der enormen Wirkungen auf die Gesamtorganisation und wegen der Risiken von Fehlentscheidungen. Es ist auch der wirksamste Fall, Leadership zu verlieren, denn wie oft kann man einen falschen Feueralarm ausrufen, ohne seine Glaubwürdigkeit unwiderruflich zu verlieren?

Für Organisationen habe ich folgende sieben Modi definiert. Sie gelten vom Prinzip her für alle Organisationsarten:

- Modus 1: *Normalbetrieb* – Business as usual.
- Modus 2: *Explizit forciertes Wachstum* – wird gewöhnlich in Führungsorganen, bei Investoren, Gewerkschaften und in der Öffentlichkeit gut aufgenommen. Es ist aber meistens schwieriger, Modus 2 in der Organisation sichtbar und wirksam umzusetzen, weil die natürliche Systemträgheit dagegen steht. Für den Erfolg kommt es unter anderem darauf an, wie das Wachstum erzielt werden soll. Wachstum aus eigener Kraft erfordert andere Managementschwerpunkte als Wachstum durch Akquisition. Wachstum durch Umsatzerhöhung ohne Marktanteilsgewinn und Produktivitätszuwachs ist vergleichbar mit einer noch unerkannten Krebserkrankung
- Modus 3: *Change* – Wie mit Change umzugehen ist, hängt von der Art des Wandels ab. Dem S-Kur-

ven-Diagramm (vergleiche Abbildung 1) entsprechend muss man 3 verschiedene Anwendungen von Change Management unterscheiden: a) auf Innovationen entlang der »roten Kurve«, b) auf die Schaffung und Entwicklung der »grünen Kurve«, c) auf die Transition »von rot nach grün«. Die Komplexitäten sind je ganz verschieden. Daher sind auch verschiedene Instrumente und Methoden nötig.

- Modus 4: *Sonderfall* – Der Sonderfallmodus ist eine sehr wirksame Variante von Master Control, weil er viel Flexibilität bringt. Insbesondere in seiner Variation als *Testmodus* ist er ein probates Mittel für Innovation und Change. Er hängt eng mit dem gleich zu besprechenden Issue-Management zusammen. Die Kunst ist, in der jeweiligen Situation zu entscheiden, ob man eine Frage innerhalb oder außerhalb der gewöhnlichen Problemlösungsstrukturen behandeln soll, ob man sie noch eine Zeitlang als vorläufig und reversibel positionieren will, und ab wann als definitiv. Es gibt Weniges mit so vielen Vorteilen. Organisationen mit hoch entwickeltem Projektmanagement tun sich mit diesem Modus in der Regel leicht.

- Modus 5: *Expliziter Rückzug* – Rückzug ist meistens schwierig, je nachdem, ob der Rückzug nur Teile oder das ganze Unternehmen erfasst. Investoren reagieren anders als Mitarbeiter und Gewerkschaften. Häufig kollidiert ein Rückzug mit dem Selbstverständnis von Managern und den an sie innen und außen gestellten Erwartungen. Selbst bei partiellen Rückzügen kommt es oft zu Zaudern und zu passiver und aktiver Resistenz. Ganz anders zum Beispiel in militärischen Organisationen, in denen Rückzug zum Standard-Handlungsrepertoire jedes Kommandeurs gehört, was die Truppe entsprechend zu trainieren hat.

- Modus 6: *Das Meistern einer Krise* und Modus 7: *Der Notfall* – werden regelmäßig zu spät aktiviert. Sie treffen das Unternehmen dann unvorbereitet, weil man den Mut schwer aufbringt, rechtzeitig offen zur Situation zu stehen. Die Entscheidungen sind meistens nur zögerlich durch die Organe zu bringen, weswegen die Umsetzung fast immer schwierig ist. Gerade hier ist aber Leadership gefordert.

Ein Modus-Wechsel ist enorm wirkungsvoll, wenn er gelingt. Das kann man bei jenen Organisationen sehen, die darauf trainiert sind, wie eben Emergency-Organisationen, Armeen oder auch Krankenhäuser. Ansonsten ist Modus-Change schwierig. Hier setzen unter anderem die neuen Methoden der Syntegrationstechnologie an, die ich später noch darlegen werde. Für die Bedingungen der Großen Transformation21 mit ihren drei Herausforderungen der roten und grünen Kurve und der Transitionszone ist offenkundig der Change-Modus das richtige Programm. Die volle Aufmerksamkeit der Organisation und der Einsatz ihrer Stärken muss uneingeschränkt den Herausforderungen des Umbruchs gewidmet werden.

Organisational Issues

Issues sind Spezialthemen von temporärer, aber großer Bedeutung, die grundsätzliches Denken aus der Gesamtperspektive und die Autorität der Spitze erfordern und außerhalb der üblichen Verfahrensregeln behandelt werden sollen.

Issue-Management dient der Flexibilisierung einer Organisation und bringt somit die Policy-Bestimmungen, die dauerhaft gültig sind, in eine Balance mit wichtigen Sonderfragen. Systempolitik legt, wie man sich erinnert, die Organisation in den Grundzügen und auf lange Sicht fest. Dadurch erhöht sie die Komplexität in funktionsnotwendiger Weise für eine im Grunde beliebig große Zahl von Mitarbeitern, damit diese selbstorganisierend tätig werden können. Aber sie legt damit auch fest und reduziert gleichzeitig Komplexität. Beides ist notwendig.

Bei der Entwicklung der Policy kann man nur jene Information in sie einbringen, die man zu diesem Zeitpunkt hat. Umwelt und Organisation bleiben dort aber nicht stehen. Die Führungsspitze muss also permanent neue Entwicklungen auf ihre Relevanz für die bestehende Politik prüfen. Auswahlfilter ist die Policy selbst, das heißt, sie ist der Relevanzgeber für die Selektion von Themen, die als Issues behandelt werden.

Als Mittel zur Flexibilitätssteigerung und Varietätserhöhung ist Issue-Management das bewusste Ausschalten oder Umgehen von etablierten organisatorischen und personellen Wegen und Zuständigkeiten, damit eine Angelegenheit kompromisslos nach ihrer *Wichtigkeit* für das größere Ganze behandelt werden kann.

Issue-Management ist mehr als man gewöhnlich unter der Bezeichnung *Chefsache* versteht. Es ist das Befassen mit einer Herausforderung *außerhalb* ansonsten geltender Ordnungsraster.

Durch die Master-Control-Wirkung einer guten Organisationspolitik, insbesondere wenn sie auf ein hoch entwickeltes Managementsystem gestützt ist, wird Kapazität von Spitzenkräften frei für Dinge, die üblicherweise hinter das operative Geschäft gestellt oder, wenn sie auftauchen, ad hoc entschieden werden müssen, meistens aber kaum oder zu wenig Beachtung finden. Man blendet sie aus. Ignorieren hilft, aber nur bei den unwichtigen Dingen.

Navigationsassistenten für die Transition

Auf der Suche nach besseren Lösungen haben wir im Laufe der Zeit ein gutes Dutzend systemkybernetische Lösungen in Form von Methoden und Instrumenten entdeckt, mit denen die Top-Executives in der Transitionsphase verlässlich navigieren können. Sie machen die Organisationen besser und leichter steuerungsfähig und schaffen bessere Sicht.

Die Organisationsspitze kann ihre schwierigen Aufgaben mit diesen Navigation Assistant Tools leichter lösen, den Standort und damit die jeweils nächsten Schritt besser bestimmen.

Die Tools beruhen auf dem Prinzip des *Real Time Controls*. Es sind die organisatorischen Koordinationsknoten oder »Hubs«, sodann der Operations Room, das Viable System Model, die Sensitivitätsmodellierung und die Syntegrationskommunikation. Viele neue Begriffe, wird man sagen. Ja – weil es viele neue Instrumente sind. Mit alter Sprache kann man nicht in eine neue Zeit navigieren, mit alten Karten findet man kein Neuland.

Gemeinsam summieren sich diese Tools zu einer mächtigen Sozialtechnologie, um Organisationen von der »roten« auf die »grune« Kurve zu transformieren.

Real Time Control

Es war eine Fundamentalentdeckung in der Kybernetik, dass Organismen nach dem Real-Time-Prinzip funktionieren. Zu jedem Zeitpunkt haben Lebewesen die nötige Information über sich selbst in ihrer Umgebung. Jede Veränderung wird durch die mächtigen Feedbacks real time zu den Control Centers des Nervensystem zurückgespiegelt.

Dadurch entsteht ein geschlossener Kreislauf zwischen Sensorik und Motorik über das Gesamtsystem, das Organismus und Umfeld zu einer Einheit integrieren. Ohne Zeitverzug kommt jede Bewegungsveränderung auf die »Screens«. Die Information des Gehirns über den kombinierten Zustand von Körper und Umfeld entspricht den unmittelbar gegebenen Tatsachen. So sind durch das Zusammenspiel von immer präziseren Sinnesorganen und Bewegungssystemen und durch ihre Real-Time-Informationsverbindung immer höhere Lebensformen entstanden, die sich in immer komplexeren Umgebungen behaupten können.

Wir verwenden dieses Prinzip ganz selbstverständlich auch im Alltagsleben. Von dort ist es gar nicht mehr wegzudenken. Sicheres Autofahren auch bei Nacht und Nebel wäre ohne die Real Time Controls der Fahrer-Assistenz-Systeme kaum noch vorstellbar. Heute sind sie integriert in die hochentwickelten Navigationssysteme, die wir bereits als Standardausstattung in Autos haben. Sie machen das Autofahren auch für gewöhnliche Fahrer selbst unter widrigsten Verhältnissen sicher und zuverlässig.

Was Real Time im Einzelfall heißt, hängt von der Änderungsdynamik eines Systems ab. Seine Geschwindigkeit muss ein Autofahrer immer real time kennen. Für Tankfüllstand und Öldruck genügen längere Zeitintervalle, wobei sich kritische Zustände wiederum von selbst melden, was das Real-Time-Prinzip nochmals verstärkt.

Hub-Prinzip und One Person Responsibility

Am besten kann man die Hub-Funktion bei großen Flughäfen beobachten, wo die Tower-Lotsen die nötige Koordination ausüben. Treffend heißt das System »Air Traffic Control«.

Die Hubs – also die Kommunikationsknoten, die Sternpunkte des Netzwerkes – müssen so organisiert sein, dass an *einem* Punkt *jederzeit* gewusst wird, ob etwas außer Kontrolle läuft und ob man eingreifen muss. Dazu muss das *Prinzip der One Person Responsibility* etabliert werden: kybernetische Controls, wie sie von Organismen und dem Funktionieren ihrer Nervensysteme und Gehirne abgeleitet werden können. Im Flugverkehr sind diese Funktionsprinzipien Standard, denn ohne sie würde nichts funktionieren. Aber sie müssen erlernt werden und sind für wirkliche Zuverlässigkeit auch weitgehend technisch unterstützt.

Die Hub-Organisation verbindet die Vorteile der Dezentralität mit jenen der Zentralität. In den meisten Organisationen ist man stolz auf die oft nach vielen Jahren endlich erreichte Dezentralisierung. Diese funktioniert umso besser, je weniger die Systemelemente – zum Beispiel Business Units, Produktlinien, Abteilungen, Standorte und Tochtergesellschaften – miteinander vernetzt sein müssen. Je höher die Change-Dynamik, desto mehr muss die Dezentralisierung aber durch eine neue Zentralität der Informationsströme ergänzt und überlagert werden.

Der Zweck ist nicht, den Leuten in ihre Aufgaben hineinzureden, sondern sicherzustellen, dass man jederzeit erkennen kann, *ob* und *wo* man eingreifen muss, *falls* etwas schief läuft.

Auch Organismen und ihre Nervensysteme sind so organisiert. Obwohl die einzelnen Organe selbstständig arbeiten, melden die Schmerzsignale direkt und jederzeit an die Zentrale, dass etwas nicht stimmt. Nur beim Krebs ist das anders. Dieser wächst still und tut oft erst weh, wenn es schon zu spät ist.

Die Steuerungszentrale: Operations Room

Air Traffic Controls kennen bereits seit langem Mega-Hubs. Für militärische Manöver werden als erstes nicht Truppen bewegt, sondern es werden die Koordinations- und Befehlszentralen eingerichtet. Auch die Raumfahrt wird von integrieren Steuerungszentralen aus gelenkt und so ist es auch bei Sportveranstaltungen und allen Notfallzentralen, in Kraftwerksanlagen und komplexen Produktionswerken. Selten vorhanden sind diese Mega-Hubs für das Management von Organisationen.

Die Namen solcher Zentralen sind je verschieden, wie etwa »Combat Information Center« oder »Action Information Center«, oder einfach »Operations Room«. Operations Rooms sind die physischen Realisierungen (Embodiments) für Real Time Controls. Es sind Sitzungsräume für jene Fachleute, die eine komplexe Operation – wie eben eine Raumfahrt-Mission – von A bis Z, 24 Stunden, 7 Tage pro Woche überwachen, steuern und lenken. Wenn alles gut gelaufen ist, werden sie »Mission completed« melden. Wenn Zwischenfälle auftreten, geht hier die Initiative für den besprochenen Modus-Change der gesamten Organisation aus. Hierher kommt die Statusinformation auf die Screens und von hier gehen die Aktionssignale an die dezentralen operativen Einheiten.

Wenn Operations Rooms funktionieren, können plötzlich die komplexesten Aufgaben gemangt werden, die vorher als nicht steuerbar galten. Selbst wenn die Operations Rooms technisch ganz primitiv sind – Flipcharts, Pinwände, manuelle Updates –, so bewirken sie doch einen Quantensprung im Funktionieren.

Sowie man – wie wir es experimentell gemacht haben – davon wieder abkommt, sinkt das System zurück in einen Lähmungszustand. Nichts funktioniert mehr, Nervosität kommt auf, Aggression macht sich breit, Schuldzuweisungen vergiften die Atmosphäre. System out of control ...

Genauso schnell wie ein solcher Lähmungszustand einsetzen kann, so schnell verflüchtigt er sich und so schnell funktioniert alles wieder, sobald man den Operations Room wieder aktiviert, und nach kurzer Zeit ist das Arbeiten selbst für die komplexesten Projekte buchstäblich ein Vergnügen, weil alles wieder »unter Kontrolle« ist.

Nervensysteme für Organisationen: Viable System Model

Wie kann man die heutigen Matrixorganisationen zum Funktionieren bringen? Wie lösen wir die funktionalen Silos auf? Wie entbürokratisieren wir öffentliche Verwaltungen, Konzernzentralen und internationale Organisationen? Und wie lösen wir die zähen, lähmenden Konflikte und Blockaden, die sich so häufig wie Krebsgeschwüre in den konventionellen Organisationsstrukturen herausbilden? Dies sind Kernfragen der Organisationskybernetik.

Das *Viable System Model (VSM)* ist eine der großen Entdeckungen in der Organisationskybernetik mit dem wir solche Fragen heute elegant lösen können. Wir verdanken dieses Modell Stafford Beer, mit dem mich seit Mitte der 1970er Jahre eine lange Zusammenarbeit und Freundschaft verband. Das Viable System Model ist die abstrahierte Nachbildung (daher die Bezeichnung »Modell«) des menschlichen Zentralnervensystems. Ein Modell ist das, was wir über etwas wissen und zwar inklusive der Leerstellen unseres Nicht-Wissens, also der »weißen Flecken« auf der Landkarte.

Der Zweck des Viable System Model ist es, als Vorlage dafür zu dienen, eine Organisation zu »innervieren«. Das heißt, das VSM ist das General Purpose Template für die Einsetzung eines kybernetischen Steuerungssystems in eine Organisation nach dem Muster des Zentralen Nervensystems. Damit werden alle bisher besprochenen Controls integriert – die Hubs, die Operations Rooms, die Sensitivitätsmodelle und vieles mehr.

Die große Überraschung trat ein, als wir entdeckten, dass es damit möglich ist, *zu reorganisieren, ohne etwas umzustellen.* »Wie bitte?«, wird man sagen. Ja! Der Trick ist, die einzelnen Organisationseinheiten neu zu »verkabeln«. Wovor Führungskräfte mit Recht zurückscheuen, das sind die großen Reorganisationen, bei denen die physischen Elemente, Abteilungen, Werke, Teilorganisationen, auch physisch geändert –

zerlegt, zusammengeführt, umgebaut oder eliminiert – werden müssen. Sie sind aber nicht gegen ein neues Funktionieren dieser Elemente, wenn dies auf einem anderen Wege erreicht werden kann.

Wenn die nervöse Impulsgebung für das Herz nicht mehr ausreichend funktioniert, brauchen wir einen Herzschrittmacher. Wo sich dieser aber befindet, ist im Grunde egal. Vom Prinzip her könnte es eine Spezialklinik Tausende Kilometer entfernt sein, deren Signale aus ihrer Cloud für genau dieses Herz kommen. Wenn es nötig wird, die Software zu verändern, dann wird dies ohne Herzoperation gemacht, sondern neue Updates von Betriebssystemen werden auf unsere Computer geladen, ohne dass man deswegen seine Programme ändern muss.

Wichtig ist, dass die virtuellen »Kabel« vom und zum Herzen auf beiden Seiten richtig »angeschlossen« sind, damit die stimulierenden Impulse auf die physiologisch richtige Weise gegeben werden. Das Herz selbst bleibt an seinem bisherigen Ort. Nichts muss »reorganisiert« werden, sondern es wird »refunktioniert«. Das Herz bekommt einen neuen Hub.

Was hier abenteuerlich klingen mag, ist für viele – darunter auch medizinische – Aufgaben in Luft- und Raumfahrt bereits Realität. Wir separieren das Reorganisieren der »anatomisch-physiologischen« Elemente vom »neurokybernetischen« Funktionieren. Die organisatorischen Potenziale für Flexibilität und Anpassungsfähigkeit, Erhöhung der Geschwindigkeit und Verbesserung der Performance sind enorm.

Sensitivität der Regelkreise von
Organisationen modellieren

> » … dass die sie verbindenden unsichtbaren Fäden
> hinter den Dingen
> für das Geschehen in der Welt oft wichtiger sind
> als die Dinge selbst. «
> *Frederic Vester*

Regelkreise sieht man mit bloßem Auge genauso wenig wie die kapillaren Nervenfasern in unseren Fingerspitzen. Aber man kann aus dem Verhalten eines Systems erschließen, dass es an diesem oder jenem Ort Regelkreise geben muss, denn sonst würde das System anders funktionieren. Wenn mein Finger plötzlich taub wird, dann kann etwas nicht mehr stimmen.

Wenn man weiß, worauf man schauen muss, kann man die Ursache herausfinden. Für das richtige Hinschauen hilft uns die Methode der biokybernetischen Sensitivitäsmodellierung, die deshalb so heißt, weil wir damit die sensitiven Schaltkreise und Schaltknoten entdecken können. Die wissenschaftlichen Pioniere auf diesem Gebiet waren Dietrich Dörner und Frederic Vester.

Mit der Sensitivitätsmodellierung können wir die Schaltungsnetzwerke in Organisationen identifizieren sowie die Diagnosen über kybernetische Defizite und deren Behebung machen. Medizinisch gesprochen bekommen wir so gewissermaßen die moderne

Form eines »Röntgenbildes« der in sich oft hundertfach vermaschten Regelkreise und können die sensitiven Schaltknoten erkennen.

Schon die Umstellung eines einzigen mathematischen Vorzeichens von plus auf minus kann ein System radikal verändern: von Blockieren zu Freisetzen, von Lähmung zu Vitalisierung, von Verlust zu Gewinn.

Sozialtechnologien für Plattformen des Wandels: Syntegration

Wie kann man das auf Hunderte von Köpfen verteilte Wissen einer Organisation für das Meistern von komplexen Herausforderungen zusammenbringen? Wie kann man Menschen für einen Aufbruch ins Ungewisse gewinnen? Wie kann man die in der Organisation gebundene Intelligenz und blockierte Energie freisetzen?

Durch die kybernetischen Kommunikationsprozesse der Syntegrationsmethodik sind solche Leistungen heute zuverlässig möglich, und um ein Vielfaches effektiver und schneller als alle herkömmlichen Verfahren. Man erinnere sich an die Definition von Kybernetik: »Control by Communication«.

Syntegration ist ein Verfahren der Hochleistungskommunikation für das Management von Komplexität, ganzheitlicher Vernetzung und hoher Dynamik. Große Zahlen von Personen – so viele wie man braucht – finden neue Lösungen für komplexe Fragen, indem sie simultan und vernetzt – wie die Vernetzungen eines Gehirns –, so kommunizieren, dass ihr gemeinsames Wissen, ihre Erfahrung und kollektive Intelligenz sowie ihre soziale Energie zu neuen Lösungen führen.

Die Grundlagen dafür sind zwei Naturgesetze. *Was vorher getrennt war, wird zusammengebracht. So entsteht Neues. Und was vorher sequentiell gemacht wurde, wird nun gleichzeitig gemacht. So entsteht Neues immer schneller.* Das Gesetz der Vernetzung und das Gesetz der Gleichzeitigkeit gehören zu den kraftvollsten Gestaltungshilfen für eine Neue Welt.

Mit syntegrativer Kommunikation kann man Stimmungen und Einstellungen und auch kulturelle Werte rasch und nachhaltig verändern. Die Schwerfälligkeit konventioneller Methoden wird in die Leichtfüßigkeit der Neuen Welt gewandelt. Diese Kommunikationsverfahren sind die methodischen Beschleuniger und Verstärker für das Meistern von Transformationen, für das gezielte Ändern des Betriebsmodus einer Organisation, und für das rasche und wirksame Umsetzen von Resultaten.

Die Grenzen der bisherigen Problemlösungsmethoden – das kleine Team, das mittelgroße Meeting und die große Konferenz – habe ich bei den Treibern der Großen Transformation21 aufgezeigt. Alle drei sind für Herausforderungen mit großer Komplexität überfordert.

So verlangen die Herausforderungen von Demografie, Ökologie, Wissenschaft, Forschung und ihre Anwendung heute das Zusammenspiel von vielen Experten aus ganz unterschiedlichen Fachdisziplinen. Dabei kommt es auf die Wirksamkeit des Austausches und der Kommunikation mit zahlreichen Spezialisten an, die unterschiedlichste Fächer vertreten, ihre eigene Begriffswelt haben und mit hochkomplexen Zusammenhängen betraut sind.

Kapitel 8

HEURISTIKEN: NAVIGATIONSPRINZIPIEN FÜR NEULAND

>»Der Algorithmus ist für unsere Welt zu einfach.«
Rupert Riedl

Algorithmen habe ich bereits eingangs im Zusammenhang mit unserem Alltag in der digitalisierten Welt erwähnt. Algorithmen sind fast so alt wie die Mathematik. Ihre große Schwester, die Heuristik, ist noch älter und wird gerade im Zusammenhang mit dem Aufbruch in der Großen Transformation21 und Exploration noch wichtiger werden.

Algorithmen sind Schrittfolgen für das verlässliche Auffinden eines genau spezifizierten Ziels. Heuristiken hingegen sind Schrittfolgen für das Aufspüren von Richtung und Nähe eines Zieles, das man nicht genau bestimmen kann. Man weiß zwar, *was* das Ziel ist, aber nicht *wo* es ist.

Das klingt wahrscheinlich etwas abstrakt. Anhand von Spielen wird es aber gut verständlich. In jedem Spiel gibt es jene Spielregeln, die definieren, *wie man spielt*. Das sind Algorithmen. Es gibt aber auch Regeln dafür, *wie man gewinnt*. Das sind Heuristiken.

Mihail Botvinnik, der große russische Schachwelt-meister, verfasste eine bemerkenswerte Studie über die Systemregeln des Gewinnens im Schach. Eines seiner Ergebnisse war die Heuristik: *Stärke mit jedem Zug deine Position!* – Wofür und weshalb kann man nicht wissen. Ist das banal? Vielleicht, aber hoch wirksam. Banal ist das nur für denjenigen, der noch nicht weiß, dass in der Komplexität des Schachspiels 10^{155} Züge – eine Eins mit 155 Nullen – möglich sind. Die Führung einer Organisation ist aber noch weit komplexer als ein Schachspiel …

Die nun in der Folge vorgestellten Grundsätze sind eine Auswahl klassischer strategischer Prinzipien für das Meistern komplexer Situationen. Viele von ihnen sind uralt. Oft werden sie als Strategien für das Er-langen und Halten von Macht missverstanden. Mit Macht haben sie aber nur wenig und indirekt zu tun. Ihre »Natur« ist vielmehr so, dass sie für solch kom-plexe Umstände die entscheidende Richtung angeben, über die man zu wenig weiß oder wissen kann, in de-nen man sich aber trotzdem bewähren muss.

Gerade anhand dieser Heuristiken kann man reflektieren, dass es oft eben dort große Ohnmacht gibt, wo große Macht zu herrschen scheint, und umgekehrt.

Die folgenden Grundsätze sind nicht direkt durch die Kybernetik entstanden. Es sind, wie gesagt, viel äl-tere Prinzipien, aber sie sind eindeutig kybernetischer Natur, weil sie Control auch dort noch bewirken, wo andere Mittel versagen.

Prinzipien für die Lagebeurteilung im Ungewissen

- *Grundsatz der metasystemischen Lagebeurteilung*
»Unterscheide stets Sachfragen von Systemfragen!« Als Beispiel: Ist der beste Wissenschaftler einer Universität gleichzeitig auch der fähigste Rektor? Selbst wenn ja: Ist es für die Universität dann gut, ihn zum Rektor zu bestellen? Solche Fragen lassen sich nicht auf Sachebenen, sondern nur auf Systemebene lösen.

- *Grundsatz der Vollständigkeit der Lagebeurteilung*
»Bedenke dein Nicht-Wissen und suche nach der Ganzheitlichkeit des Systems!« Wenn Systeme komplex und hyperkomplex sind, kann man niemals vollständiges Wissen haben. Dieser Grundsatz mahnt daher ständig an die Tatsache unseres unvermeidlichen Nicht-Wissens. Wichtiger ist aber: Er mahnt, eine Lage nicht nur aus der eigenen Perspektive zu beurteilen, nicht in vereinfachten Kausalzusammenhängen zu denken. Erforderlich ist das Reflektieren aller Seiten von Beziehungen und der Beziehungen selbst.

- *Grundsatz des offenen Systems*
»Rechne stets mit dem Unvorhersehbaren, dem Unerwarteten und dem Unvorstellbaren!« In komplexen und damit dynamischen Systemen ist immer mit unvorhersehbaren Entwicklungen zu rechnen.

Hier wirkt stetiger Wandel, der Neues mit sich bringen kann. Auf einer Notfallambulanz zum Beispiel ist man auf diesem Umstand eingestellt, in vielen Organisationen aber noch lange nicht.

- »Stärke gegen Schwäche«-Grundsatz
  »Halte den anderen niemals für unwissender als dich selbst!« Kräfteverhältnisse müssen realistisch eingeschätzt werden. Ein Missachten wirkt umso gewichtiger, je schwieriger die andere Seite einzuschätzen ist. Es gibt Aufschluss darüber, wo die Möglichkeiten und Grenzen sinnvollen Handelns liegen – in kompetitiven ebenso wie in kooperativen Situationen unentbehrlich.

- Grundsatz der mehrdeutigen Zielwahl
  »Wähle Maßnahmen, mit denen du mehrere Ziele gleichzeitig ansteuern kannst!« Jene Lenkungseingriffe, die mehrere Ziele zur selben Zeit ansteuern, erhöhen die Vielfalt an Wirkkraft durch das Nutzen von Komplexität.

- Grundsatz der Vermeidung von Informationslage-Beeinflussungen
  »Sorge dafür, dass du die Quellen und Aussagen von Informationen tatsächlich kennst!« Dieser Grundsatz macht darauf aufmerksam, sich für eine Lagebeurteilung nicht von akribisch zusammengetragenen Daten beeinflussen zu lassen, ohne über den Charakter und die Quellen der Daten nachzu-

denken. Genauso sollte man sich dessen bewusst sein, dass es viele Arten von Täuschungsmanövern und Vernebelungstaktiken gibt, die sowohl im alltäglichen zwischenmenschlichen als auch in konkurrenzbedingten Beziehungen zur Realität von und in komplexen Systemen gehören.

Grundsätze für die Lenkungskapazität und Beziehungsgestaltung

- *Grundsatz der Flexibilität*
  »Bewahre deine Handlungsspielräume und lege dich erst zum spätestmöglichen Zeitpunkt fest!« Es geht darum, immer für weitere Entwicklungen offen zu bleiben, um auf unvorhersehbare Ereignisse und solche, die sich erst im Zuge einer Entwicklung als ungünstig erweisen, möglichst flexibel reagieren zu können.

- *Grundsatz der Zukunftsvorsorge*
  »Kläre die Art des Risikos!« Es gibt Risiken, die einzugehen man sich leisten kann. Es gibt jene, die einzugehen man sich nicht leisten kann. Und es gibt Risiken, die *nicht* einzugehen man sich *nicht* leisten kann. Alle strategischen Maßnahmen müssen auf ihre potenzielle Zukunftswirkungen überprüft werden und darauf, ob für die möglicherweise eintretenden Szenarien die notwendigen Ressourcen vorhanden sind oder zumindest sichergestellt wer-

den können. Risiken sind nur so weit einzugehen, soweit man selbst bei schweren Verlusten noch genug in der Hand hat, um jede Situation meistern zu können.

- *Grundsatz der Reversibilität*
»Durchdenke, ob du deine Entscheidung rückgängig machen kannst – und bedenke, was daraus folgt!« Es ist von großer Bedeutung, sich Klarheit darüber zu verschaffen, in welcher Beziehung man irreversible und in welcher Hinsicht man auch reversible Entscheidungen treffen kann.

- *Grundsatz der kleinen Schritte*
»Mache den nächsten Schritt erst, wenn du gesehen hast, wie der vorangegangene gewirkt hat!« Je komplexer eine Situation ist, desto wichtiger ist gerade dieser Grundsatz. Anhand welcher Zwischenergebnisse evaluiert man die Wirkungsweise eines Vorgehens? Es braucht ein bewusstes *Point of return Management*. Hat man den Point of no return überschritten, ohne dass man etwas davon gemerkt hat, ist es zu spät.

- *Grundsatz der Initiative*
»Sei dem Wandel voraus!« – das formulierte ich bereits. Diese Heuristik besagt, selbst den Handlungsablauf zu bestimmen oder zumindest mitzubestimmen, um nicht in Zugzwang getrieben zu werden.

- *Grundsatz der Alternativenkontrolle*
  »Verhalte dich stets so, dass sich die Anzahl der Möglichkeiten vermehren kann!« Diesen perfekten Imperativ hat Heinz von Foerster formuliert.

- *Grundsatz der Goldenen Brücke*
  »Halte stets die Gesprächsmöglichkeiten aufrecht!« Man sollte niemals einen Gesprächspartner in eine ausweglose Situation bringen. Hier geht es zum Beispiel gegenüber Menschen darum, Gesichtsverlust zu vermeiden, zumindest eine letzte Gesprächsbasis aufrechtzuerhalten, um eine allenfalls wieder lenkungsrelevante Beziehung wiederherstellen zu können.

Heuristiken für die Informationslage

- *Grundsatz der Informationsnähe*
  »Sorge für kurze und direkte Informationswege!« Um Verzerrungen und unkontrollierte Filterungen zu vermeiden, ist dieser Grundsatz anzulegen und einzuhalten. Er zeigt die Bedeutung einer systemgerechten Organisationspolitik. Entsprechend allgemein und zeitlos gültige Policies erfüllen an jeder Stelle und zu jeder Zeit die Anforderungen an die notwendige Real-Time-Information, egal, wo sich die Führungsorgane gerade befinden und ob sie erreicht werden können oder nicht.

- *Grundsatz der Verhaltenserklärung*
»Sag, was du tust!« Dieses Prinzip zielt darauf ab, Vertrauen zu schaffen, indem man naturgegeben unberechenbare Situationen und damit verbundene Entscheidungen durch Verhaltenserklärungen vorhersagbar und berechenbar macht. Zum Beispiel im Sinne von »Wenn dies oder jenes geschieht, dann werde ich …«-Deklarationen. Voraussetzung dafür ist, dass man sich dann auch daran hält.

- *Grundsatz der Evaluierung*
»Prüfe frühzeitig und fortwährend die Kontrollpunkte deiner Navigation!« Ob in sozialen oder technischen Systemen, es geht hier darum, jene Orientierungsmarken zu bestimmen, die immer erkennen lassen, ob mit Maßnahmen der angestrebte Zweck und das verfolgte Ziel erreicht werden. Auf der Straße wären es der Mittel- und Randstreifen sowie die Wegweiser, die dem Autofahrer sagen, ob er sich auf der richtigen Bahn und in die richtige Richtung bewegt. Die Evaluierung stellt sicher, dass sinnvolle Policies sinnvoll formuliert, wirksam kommuniziert und umgesetzt werden.

Prinzipien für die Überzeugungsfähigkeit

- *Grundsatz der Zuverlässigkeit*
»Tu, was du sagst!« Eingegangene Verpflichtungen sind auch tatsächlich zu erfüllen. Das ist die wich-

tigste Voraussetzung für die eigenen Überzeugungs-
fähigkeit, zukünftige Glaubwürdigkeit, Reputation
und persönliche Autorität.

- *Grundsatz der Festigkeit*
»Steh zu deinem Wort!« Weniges untergräbt die
eigene Glaubwürdigkeit schneller als ein Abgehen
von deklarierten und angekündigten Vorhaben.
Dies hat nichts mit unbeweglicher Prinzipientreue
zu tun. Es ist durchaus sinnvoll, von Entscheidungen und Haltungen abzugehen, die sich als nicht
klug genug erwiesen haben. Allerdings gilt es, das
entsprechend zu begründen.

Noch mehr solcher heuristischen Regeln stehen in
meinem Buch *Strategie des Managements komplexer
Systeme*. Die hier ausgewählten Grundsätze sind allgemein und können untereinander vernetzt werden. Sie
regulieren den Einsatz einer Vielfalt von Verhaltensweisen, die durch Orientierung an einzelnen Grund-
sätzen oder durch deren Kombinationen zustande
kommen. Diese Auswahl allgemeiner Navigations-
prinzipien habe ich vor allem für die Umbruchsitua-
tion getroffen. Im Gegensatz zu zufälligen Suchpro-
zessen helfen diese Heuristiken, ein unbekanntes Ziel
durch gezielte Exploration zu erreichen.

Kapitel 9

VOM UMBRUCH ZUM AUFBRUCH

> »Jetzt bin ich wirklich neugierig,
> wer stärker ist, ich oder ich?«
> *Johann N. Nestroy*

Im vorherigen Kapitel ging es um Management für die Funktionstüchtigkeit von Organisationen. Das Thema ist nun Management für Personen, genauer: Management für die Lebenstüchtigkeit von Menschen.

In der heutigen Gesellschaft sind Managementfähigkeiten bereits eine der Voraussetzungen für die Beschäftigungsfähigkeit jedes einzelnen. Denn, wie besprochen, arbeiten heute fast alle Menschen in Organisationen. Darauf wird aber kaum jemand vorbereitet. Es ist, als würde man jemanden ohne Fahrprüfung mit dem Auto in den Straßenverkehr lassen.

In Organisationen ist Management in mehrfacher Hinsicht wichtig: Man ist selbst eine Führungskraft und muss daher andere Menschen führen können. Oder man hat eine Chefin oder einen Chef und braucht für die Zusammenarbeit mit diesen elementare Kenntnisse darüber, wie Manager denken und handeln. Auch für die Zusammenarbeit mit Kolleginnen und Kollegen braucht man Management.

Der Beginn von richtigem und gutem Management ist aber immer bei sich selbst. Sich selbst managen zu können, ist die Voraussetzung dafür, andere Menschen managen zu können.

In Umbruchzeiten hat man einen Grund und auch die Chance, sich selbst neu zu orientieren und auch seine Leistungsfähigkeit zu verbessern. Wofür auch immer man diese braucht, die persönliche Wirksamkeit und die daraus folgenden Leistungen sind für das Arbeiten in Organisationen das erste und wichtigste Kapital, das man hat. Es ist eine Ressource, die man in Ergebnisse umwandeln kann und muss. In Umbruchzeiten sind auch die Chancen für jene besonders gut, die schon an sich selbst gearbeitet haben. Denn die Komplexitätsgesellschaft wird sich selbst an der Zuverlässigkeit ihres Funktionierens messen.

Zum Umgang mit Grenzen

Ein Umbruch von einer Alten Welt zu einer Neuen Welt mit den hier beschriebenen Dimensionen verschiebt Grenzen fundamental. Ob und welche Grenzen unverändert bleiben und welche sich total auflösen, ist im Voraus kaum zu sagen. Deshalb ist *Explorieren wichtiger als Analysieren; Testen wichtiger als Planen; ist Suchen wichtiger als Finden, sind Heuristiken wichtiger als Algorithmen.*

Navigieren im Umbruch heißt auch, über bisherige Grenzen hinausschauen, neue Peilgrößen und Koordinaten erkunden. So war im frühen 18. Jahrhundert nichts wichtiger als die Bestimmung des Längengrades. Weil man zwar die Breitengrade, nicht aber die Längengrade korrekt bestimmen konnte, gab es aus Mangel an Orientierung zahllose Schiffskatastrophen. Alle Gelehrten der Zeit, darunter auch Isaac Newton, versuchten sich an der Lösung der exakten Berechnung des Längengrads auf hoher See – zum einen wegen des geradezu astronomischen Preisgeldes, das die englische Königin ausgeschrieben hatte; zum anderen – und vor allem – wegen des Ruhmes. Alle scheiterten …

Es dauert 40 Jahre, bis John Harrison, ein einfacher schottischer Handwerker, gelernter Tischler, und Uhrmacher aus Leidenschaft, das Problem gelöst hatte – und dafür auf das Erbittertste bekämpft wurde. Aber Harrison hatte den Navigatoren eine neue geografische Welt und damit neue Welten von Möglichkeiten eröffnet.

Transformative Umbrüche verändern Grenzen der Wahrnehmung. Sie verändern die Kategorien, in denen wir Grenzen wahrnehmen; Grenzen der Sprache, mit der wir Wahrnehmungen beschreiben; Grenzen des Denkens und des Handelns. Solche Umbrüche verschieben auch Grenzen der Leistungen, die gefordert sind, und der Leistungen, die möglich sind. Das gilt immer auch für die persönliche Leistungsfähigkeit und die eigene Arbeitsweise, die die Leistungsfähigkeit bestimmt.

Ich habe viele erfolgreiche Unternehmer und Manager kennengelernt, die im Laufe ihres Lebens mehrmals ihre Arbeitsmethodik und oft auch ihre Lebensweise änderten. Nicht immer nur deshalb, weil sie es mussten, sondern weil sie es *wollten*. Es war eine ihrer Methoden, Grenzen zu überschreiten und neue Ufer zu erkunden. Es war *Leadership in eigener Sache*.

Man stößt an Grenzen – und muss selbst entscheiden, ob man sie akzeptieren will oder nicht. Für lange Zeit im Leben sind die gefühlten Grenzen erst die Limitationen unserer Arbeits- oder Lebensweise und noch lange nicht die tatsächlichen Grenzen der Leistungsfähigkeit.

Leadership in eigener Sache

Die Klage über Stress und was damit in Zusammenhang gebracht wird, ist heute fast allgegenwärtig. Die Mittel, die man als Hilfen anbietet, sind so vielfältig, dass man fast schon überfordert ist, die täglich neuen Tipps und Ratschläge auszuprobieren.

Ich nehme Stress ernst, weil unter den Tausenden von Führungskräften, die unsere Seminare absolvierten, nur wenige waren, für die das überhaupt kein Thema gewesen wäre. Aus dieser vielfältigen und umfassenden Erfahrung, ist meine eigene Haltung entstanden, die sich vom Mainstream substanziell unterscheidet. Gerade weil ich Stress, Burnout und Work-Life-Balance ernst nehme, suche ich Lösungen, aber eben in einer ganz anderen Richtung.

Meine Lösung ist nun schon seit vielen Jahren eine, die ich sonst nirgends gelesen oder gehört hätte. Mein Ratschlag ist: *Lerne, so gut und effektiv zu arbeiten, dass du keinen Stress hast. Werde so wirksam und professionell, dass du Zeit für ein Leben hast.* Zunächst schauen mich viele mit großen Augen an, denn sie hatten eigentlich andere Empfehlungen erwartet. Dann beginnen sie nachzudenken ...

In den vielen Jahren der Zusammenarbeit mit Führungskräften und ihrer Education habe ich auf jene oft sehr erfolgreichen Menschen geachtet, die keinen Stress hatten. Mich interessierte, ob es Gemeinsamkeiten gibt. Gibt es etwas, das diese Frauen und Männer verbindet, was sozusagen das Muster ist, weswegen sie keinen Stress hatten und Work-Life-Balance für sie kein Thema war?

Ja, und es sind immer dieselben fünf Beobachtungen: 1. Diese Menschen haben eine Aufgabe, die ihnen Sinn gibt. 2. Sie haben intakte private Beziehungen, egal welcher Natur diese sind, und sie lösen sich aus problematischen Beziehungen rechtzeitig heraus. 3. Fast immer engagieren sie sich auch außerhalb ihres Berufes für eine gute Sache und für die Gesellschaft. Sie sind nicht nur Führungskräfte in einer Organisation, sondern auch Bürger und Bürgerinnen in einer offenen Gesellschaft. 4. Sie haben über den Beruf hinausgehende persönliche Interessen, zum Beispiel für Kunst, Musik, Literatur oder Geschichte, sie sind neugierig auf die Welt und ihre Schönheiten. Wenn ihr Beruf eintönig wird, so haben sie andere Quellen ihrer

Kraft. 5. Sie leben gesund und halten sich körperlich fit, weil sie wissen, wie wichtig dies auch für den Geist und die Seele ist.

Ständige Verbesserung der persönlichen Effektivität

Die persönliche Leistungsfähigkeit von Führungskräften ist in Zeiten des Umbruchs noch mehr gefordert als ohnehin schon. Vielen macht das schwer zu schaffen, während andere damit erstaunlich leicht fertig werden. Wo liegen die Unterschiede?

So gut wie immer sind es zwei Punkte: Fragen der eigenen Effektivität und Fragen der inneren Haltung. Ich wähle dazu die wichtigsten Themen aus, mit denen ich von Managern regelmäßig konfrontiert werde.

Der Schlüssel zu erfolgreichem Management, ja für ein erfolgreiches Leben schlechthin und für das Navigieren durch den Umbruch der Großen Transformation21 ist die persönliche Effektivität eines jeden. *Das Richtige tun und dieses richtig tun*, das ist die Definition von Effektivität.

Effektivität ist die Essenz des Berufes der Führungskraft. Sie ist vielleicht nicht der *Grund* für den Erfolg, aber sie ist dessen *Fundament*. Die Aufgabe für Management heißt: *Ressourcen in Resultate umwandeln*. Zu diesen Ressourcen gehören auch die eigenen Talente und Stärken, das Wissen und die Erfahrungen. Management heißt, dafür zu sorgen, dass alles funktioniert, und das beginnt bei einem selbst.

In Zeiten des Umbruches muss man selbst noch effektiver sein, weil wir Neuland betreten und das Unbekannte managen müssen; weil die alten Erfolgsrezepte immer weniger funktionieren; weil viele der bisherigen Erfahrungen nicht mehr brauchbar sind.

Effektiver sein heißt aber nicht, mehr arbeiten, sondern *klüger* arbeiten. Es heißt nicht, mehr vom selben, sondern neu und anders. Wenn man an sich arbeitet, kann man sich auch ein Leben lang verbessern. Meine Erfahrung ist, dass man – unabhängig vom schon erreichten Alter – pro Jahr um 5 bis 10 Prozent wirksamer werden kann, wenn man darauf achtet und konsequent mit und an sich arbeitet. Wer 40 ist, hat also fast die Gewissheit auf eine Verdoppelung seiner Effektivität. Was jemand mit diesem wachsenden Potenzial tut, darf er oder sie selbst entscheiden.

Ich empfehle, Effektivitätssteigerung nicht als ein Müssen, sondern als ein Dürfen und Wollen zu verstehen – als ein Ziel des dem Menschen angeborenen, aber oft vernachlässigten Neugierverhaltens. So schafft man sich neue Navigationspunkte. Mit einem Müssen vor Augen würde man in den alten Kategorien stecken bleiben und im Grunde einen Kampf gegen sich selber führen, der kaum zu gewinnen ist.

Wohin immer der Umbruch sich letztlich wendet, man hat eine Leistungsreserve. Navigieren im Umbruch heißt auch, neue Marken für eine neue Leistungsfähigkeit zu suchen.

Kritisch für die eigene Wirksamkeit sind immer mindestens drei Punkte, und zwar kumulativ: das eigene Zeitmanagement, die konsequente Nutzung der eigenen Stärken, und die strikte Konzentration auf einige wenige Prioritäten.

Etwa alle sechs Monate sollte man für die »Diagnose« der eigenen Arbeitsmethodik eine Woche lang ein Tagebuch führen, um zu sehen, womit man sich beschäftigt, wofür man seine Zeit verwendet und was dabei herauskommt. Man wird schnell erkennen, was man verbessern kann. Man wird auch regelmäßig Überraschungen und Ärger darüber erleben, wieviel Zeit man mit unwichtigen Dingen verliert.

Besonders hilfreich ist dabei das einfache Prinzip *Stop doing the wrong things!* Das erleichtert den Fortschritt ungemein, denn es wird nicht das Verhalten der Alten Welt verlangt, immer noch mehr zu tun, sondern es ist ein Prinzip der Neuen Welt: mit unnützen und überholten Dingen einfach aufzuhören – und damit Platz zu schaffen für das Neue.

Wenn etwas neu ist: Führen mit Instruktionen

Eine weitere Methode, die bei Change und Komplexität hilft, ist das Führen mit direkt aufgabenrelevanten *Instruktionen*. Zwar wird das häufig mit autoritärem Befehlen verwechselt, weil es dazu äußerlich manchmal gewisse Ähnlichkeiten gibt. In Wahrheit ist es aber etwas ganz anderes als Befehlen. Es ist das flexible Führen mit Information und Kommunikation – mit Tipps.

Solange die gegebene Situation für eine Person *bekannt* ist, kann man auf herkömmliche Weise führen. Dann bestimmt man das *Was* und überlässt das *Wie* dem Mitarbeiter. Wenn die Situation für einen Mitarbeiter aber *neu* ist und sich außerdem ständig und rasch ändert, dann kann man nicht erwarten, dass er oder sie von allein richtig handelt. Also muss man die nötigen Instruktionen aktiv geben.

Am deutlichsten sieht man den Unterschied und zugleich die nützliche Wirkung dieser Methode am Beispiel der Navigationssysteme in Autos und mit Smartphones. Mit ihnen können wir optisch und akustisch in einer uns unbekannten Stadt zu einem uns unbekannten Punkt gelotst werden: »Fahren Sie 300 Meter geradeaus, an der Kreuzung links abbiegen; die zweite Querstraße rechts fahren und nach 100 Metern biegen Sie nach rechts in die Einfahrt ein …«.

Solche Instruktionen sind keine Befehle im üblichen Sinn, obwohl sie sprachlich als Anweisungen formuliert sind, sondern es sind *zur Befolgung empfohlene Informationen für die effektivste Erfüllung einer Aufgabe*, so wie zum Beispiel auch Kochrezepte und Benimmregeln es sind.

In diesem Beispiel geht es um die spezifische Hilfe für eine *definierte* Aufgabe für eine *definierte* Person. Eine ähnliche Funktion erfüllen die Signalisationen auf Flughäfen, die der Orientierung von Millionen von Fluggästen dienen, die man persönlich nicht kennt und deren Ziele man daher ebenfalls nicht kennt. Jeder Fluggast selektiert das, was er zu diesem

Zeitpunkt braucht, um sein Ziel zuverlässig zu finden. Wer am Flughafen Zürich ist und nach Frankfurt fliegen will, sucht sich das richtige Terminal selbst, das richtige Gate und die richtige Nummer. Wenn er die Flugdaten in sein Smartphone eingibt, wird er mit kontinuierlichen Real-Time-Updates an die richtige Stelle gelotst, egal, von wo aus er startet.

Dies befähigt Menschen, auch in der Ungewissheit des Neuen zuverlässig richtig zu handeln. Instruktionen und Signale geben ihnen die nötige Orientierung für das Verhalten im Unbekannten, sie lassen Stress gar nicht aufkommen, sondern vermitteln die Sicherheit, dass man jederzeit seinen Weg auch im Unbekannten findet.

Nicht nur Kommunikation, auch Metakommunikation

Systeme, wie auch Personen und Teams, steuert man durch Information und Kommunikation. In komplexen Situationen reicht es aber nicht aus, dass man sie informiert, sondern man muss sie so informieren, dass sie *kollektiv wissen*, dass sie alle informiert sind.

Das ist Kommunikation über Kommunikation, also Kommunikation auf einer höheren Ebene. Dies nennt man in der Kybernetik Metakommunikation. Damit erst befähigt man Menschen und Teams, sich selbst zu steuern und, falls nötig, sich selbst neu zu organisieren, und zwar nicht nur als Personen, sondern besonders als Team.

Jeder muss wissen, dass alle wissen, dass alle alles wissen, was zur Erfüllung einer Aufgabe nötig ist. Dieser Gedanke ist für viele ungewohnt. Genügt es denn nicht, dass jeder weiß, was er wissen muss? Manchmal Ja, aber immer öfter Nein. Hier kommen wir in die eigentliche Kybernetik als Wissenschaft von »Communication and Control«. Bilaterale Kommunikation allein genügt für das Beherrschen komplexer Situationen nicht. Sie maximiert im Gegenteil das Risiko von Missverständnissen. Daher muss synchron zur bilateralen Kommunikation auch die Metakommunikation stattfinden.

Chefs und Kollegen managen

Für den Erfolg mindestens ebenso so wichtig wie die eigenen Mitarbeiter sind Chefs und Kollegen, denn auch diese gehören zu »meinem System« – und in gewissem Sinne müssen also auch diese gemanagt werden. Besser gesagt, man muss mit ihnen wirksam zusammenarbeiten. Dafür muss man aber selber etwas tun, also selbst initiativ werden, statt zu warten, bis man eingeladen wird.

In den Studien und Medienberichten, die über Stress, Demotivation und generell über das Leiden in Organisationen gemacht werden, scheinen als Ursachen die inkompetenten Chefs und die intriganten Kollegen auf.

Ändern kann man aber weder Chefs noch Kollegen. Also hat man jeden Grund, diese richtig zu managen, damit man sie nicht »erdulden« muss, sondern trotz allem wirksam werden kann. Das Befolgen von einigen einfachen Regeln hilft schon sehr viel weiter.

- *Regel 1: Chefs und Kollegen muss man managen!*
  90 Prozent aller Menschen kennen diese Regel nicht, und daher kommt es ihnen gar nicht in den Sinn, dass man etwas in diese Richtung tun könnte. Stattdessen ärgern sie sich über ihre Chefs und Kollegen, manche ärgern sich vielleicht krank.

- *Regel 2: Finde heraus, was dein Chef und deine Kollegen für Menschen sind!*
  Wie Chefs und Kollegen im Allgemeinen sind, kann man nicht wissen, und man braucht es auch nicht zu wissen, aber man kann die wenigen konkreten Personen mit der Zeit gut genug kennenlernen, um zu wissen, wie sie ticken. Wenn einer zum Beispiel ein Leser ist, sollte man ihm Mails schicken. Ist er aber ein Hörer, so ist es besser, zu telefonieren. Will die Chefin alles auf einer Seite haben, dann bekommt sie eine Seite; will sie aber lange Abhandlungen, dann bekommt sie ein ausführliches Papier.

- *Regel 3: Nutze die Stärken des Chefs!*
  Wo Chefs und Kollegen ihre Schwächen haben, hat man bald erkannt. Was aber sind ihre Stärken? Dort, wo sie etwas können, kann man ihnen helfen,

noch besser und noch erfolgreicher zu sein. Das ist es, was die meisten wollen. Wer ihnen dabei hilft, weil er ihnen »in die Hand« arbeitet, wird mit ihnen gemeinsam Karriere machen.

- *Regel 4: Übernimm die Verantwortung für die Verständigung!*
  Chefs und Kollegen sind Spezialisten, so wie man selbst auch. Spezialisten leben häufig in der verschlossenen Welt ihrer eigenen Fachsprachen. Sie denken meistens nicht daran, sich anders – verständlicher – auszudrücken. Daher muss man es selbst tun – als Einladung und Brücke, über die der andere gehen kann.

- *Regel 5: Kommuniziere mit geschlossenen Kreisläufen!*
  Wenn die Situation wirklich komplex ist, braucht man kybernetisches Feedback, damit die Kommunikation verlässlich funktioniert. Diese Feedbacks heißen Auftragsbestätigung und Vollzugsmeldung. Ein gutes Beispiel ist der Funkverkehr zwischen Piloten und ihren Lotsen im Control Tower. Ebenso ist es bei Regel 4.
  Der Prozess ist einfach und klar: Jede ankommende Instruktion wird bestätigt. Dann handelt man der Instruktion gemäß und meldet danach deren Erledigung, die wiederum von der anderen Stelle bestätigt wird. Mit so einfachen Maßnahmen kann man ein System fast zu 100 Prozent funkti-

onssicher machen. Die Fehlerquoten und Missverständnisse sinken radikal schon in kurzer Zeit. Die Wirksamkeit vervielfacht sich.

Management als Leidenschaft für das Mögliche

Einer meiner Freunde, der brillante Soziologe Peter Gross, sagte, *Management sei die Leidenschaft für das Mögliche.* Diese treffende Charakterisierung wähle ich als Überschrift für die Schlussgedanken dieses Buches.

Denn sie passt besonders gut zu Umbruch- und Aufbruchzeiten. Umbrüche öffnen Möglichkeiten, indem sie Altes verdrängen und Neues schaffen. Und Management, wie ich es verstehe, ist die gesellschaftliche Funktion, dieses effektiv zu tun, diese Möglichkeiten zu nutzen und sie in Wirklichkeiten umzuwandeln.

Je besser man in seinem Beruf wird, desto mehr Freude hat man im Allgemeinen. Das wird zwar nicht jeden Tag so sein, aber oft genug, um daraus Kraft und die Zuversicht zu schöpfen, dass man auch zukünftig immer größeren Aufgaben immer besser gewachsen sein wird.

Man wird souverän in der Erledigung seiner Aufgaben, hat die Dinge unter Kontrolle. Man wird effektiver. Auch wenn man sehr viel Arbeit hat, entsteht deswegen noch lange nicht jener Stress, der das Leben beeinträchtigt.

Daher noch einmal: *Setze es dir selbst zum Ziel, in deinem Beruf als Führungskraft in der Neuen Welt so gut zu werden, dass du keinen Stress hast. Werde so wirksam und professionell, dass du dir immer größere und höhere Aufgaben zutrauen kannst und gerade deshalb Zeit für ein gutes Leben has*t!

Die Freude an einer Aufgabe ist einer der Wege, das vielleicht wichtigste im Leben zu erreichen, das weit über Motivation und Geld hinausgeht: Seinen eigenen Lebenssinn zu finden, wie es von Viktor Frankl, dem Begründer der Lehre vom Lebenssinn, empfohlen wird.

Für Führungskräfte kommt noch eine weitere Sinndimension hinzu: den Sinn des eigenen Tuns darin zu sehen, dass man für *andere* Menschen die Möglichkeit schafft, dass diese in ihren Aufgaben für und in den Organisationen unserer Gesellschaft auch ihren eigenen Lebenssinn finden.

EPILOG

> »... this is a time to make the future –
> precisely because everything is in flux.
> This is a time for action.«
> *Peter F. Drucker*

Die eingangs erwähnten Menschen, die einem erklären, was nicht geht – die Nein-Sager – werden an Zahl zunehmen, denn immer mehr geht tatsächlich *nicht mehr* und immer mehr geht *noch nicht*. Daraus können in jeder Organisation unüberbrückbare Spannungen entstehen. Daher wird die Große Transformation21 mehr und bessere Leadership brauchen als jede andere bisherige Transformation. Leadership in der Umbruchsphase wird maßgeblich sein dafür, wie die Neue Welt aussehen und funktionieren wird.

Um Leadership in einer komplexen Welt wirksam zu machen, ist mehr als Business Administration und Ökonomie nötig. Dafür ist neues, richtiges und gutes, und das heißt professionelles systemkybernetisches Management erforderlich. Dies verstehe ich als jene gesellschaftliche Funktion, die die Organisationen und Systeme einer Gesellschaft dazu befähigt, bei hoher Komplexität verlässlich und legitimen Zwecken entsprechend zu funktionieren, und in Menschen mehr als nur Wirtschaftssubjekte zu sehen. Darauf muss das Navigieren in der Großen Transformation von Anfang an gerichtet sein. Richtiges und gutes Management schließt gesellschaftlich verantwortliche Leadership und Governance mit ein.

Für das Funktionieren sind viele Leader auf vielen Organisationsebenen nötig. Leadership-Theorien, die heute noch immer auf medial heroisierte Führer abstellen, gehören in die Alten Welten von vorgestern. Sie sind politisch außerdem gefährlich, weil sie Radikalisierungen in die Hand arbeiten. Und sie sind verantwortungslos, weil ihre Vertreter es besser wissen könnten und daher auch wissen *müssen*.

Es gibt *vier Gründe* und einen für die Neue Welt entscheidenden *fünften Grund* dafür, dass eine Person in ihrer Organisation als Leader angesehen wird, und damit jene Wirkung erzielt, die wir als Leadership wahrnehmen. Immer mehr wird in der Komplexitätsgesellschaft aber nicht wie bisher die Einzelperson und ihre »heldenhaften« Taten zählen, sondern die Fähigkeiten von Kollektiven, das nötige Wissen zu besseren Lösungen zu vernetzen und diese umzusetzen. Einzelpersonen wird weiterhin die kritische Aufgabe zufallen, die richtigen Kollektive rechtzeitig für die richtigen Herausforderungen zu identifizieren. Vor allem aber müssen diese Menschen anderen Menschen die richtigen Instrumente für das Nutzen von Komplexität verfügbar machen.

Der erste Grund für echte Leadership ist die Fähigkeit, *richtige Politik* zu machen, denn falsche Politik führt zu Mis-Leadership, gerade wenn sie sich mit dem zwar ständig geforderten, aber höchst riskanten Charisma paart.

Der zweite Grund ist die Fähigkeit, die Organisation früh genug auf Operationsmodi vorzubereiten und den jeweils *richtigen Modus* rechtzeitig in Kraft zu setzen. Dazu gehören klare Sicht, eine realistische Lagebeurteilung und persönlicher Mut.

Der dritte Grund ist die Fähigkeit, die *richtigen Issues* zu selektieren und diese einer wirksamen Bearbeitung zuzuführen. Das ist Themenführerschaft.

Der vierte Grund sind Regeln oder Grundsätze, die das persönliche Handeln und damit die Verwirklichung von Politik leiten.

Ein fünfter Grund wird für das Navigieren im Umbruch entscheidend sein: Das Navigieren und Führen mit offenen Ergebnishorizonten.

Am Beispiel der Musik kann man das vielleicht am besten erkennen. Die klassische Symphonie ist »durchkomponiert«. Ihre Partitur steht unveränderbar fest und enthält jede Note und jede Pause. Sie kann höchst schwierige Stellen haben, aber es gibt keine Überraschungen. Eine klassische Symphonie ist nicht komplex, kann aber sehr kompliziert sein.

Die Neue Welt und der Übergang zu dieser sind aber komplex, sie sind nicht »durchkomponiert«. Sie haben keine gegebene Partitur. Sie sind wie Symphonien, deren Partitur beim Spielen entsteht.

Ein Paradigma dafür ist die Jazzmusik. Sie hat früh die Neue Welt und ihre Komplexität vorausgespürt und ist – wie auch die moderne Kunst – ergebnisoffen.

Sie improvisiert, aber keineswegs unstrukturiert oder gar willkürlich, obwohl es für viele so aussah und sich im Free Jazz so anhörte, solange man die Strukturen nicht erkannte und die Patterns nicht wahrnehmen konnte.

So ist auch die Evolution. Die Regeln ihres Prozesses sind naturgesetzlich gegeben. Aber ihre Ergebnisse *entstehen*. Zu den Regeln gehören auch solche mit Wahrscheinlichkeiten und Propensitäten. Ihr Zweck ist es, den Rohstoff Komplexität für ein immer besseres Funktionieren zu nutzen.

Für Leadership in der Großen Transformation21 ist das ähnlich. Die Regeln sind in Politiken und Heuristiken gegeben. Die Ergebnisse hingegen entstehen aus dem Prozess heraus. Die Landkarte zeigt nicht wie üblich die Landschaft, sondern die Regeln für das Entstehen von Landschaften und die Regeln für die Entstehung von Regeln für Landschaften.

Leader in den Zeiten des großen Umbruchs werden jene sein, bleiben oder werden, die das verstehen, organisationsweit neue Managementsysteme für das richtige Navigieren und für das Meistern von Komplexität etablieren und beides durch ihr Handeln sichtbar verantworten. Wir stehen nicht am Ende, sondern noch weit am Anfang der Komplexifizierung der Welt und damit vor den Lösungen von Problemen, die mit den alten Verfahren unlösbar sind.

Entscheidende Fortschritte für das Navigieren und Steuern konnten mit der Erfindung von komplexitätsgerechten Methoden und Instrumenten gemacht werden. Mit ihnen verstärken sich unsere Fähigkeiten für das Meistern des Wandels um ein Vielfaches, denn wir müssen nun nicht mehr warten, bis sich die Menschen ändern.

Von den Menschen zu verlangen, sich selbst zu ändern, bevor Change überhaupt möglich ist, gehört zur Vorgangsweise des vorigen Jahrhunderts. Heute können wir den Menschen neue Methoden geben, mit denen sie den Wandel hier und heute gestalten können.

Mit jedem Schritt, den wir so ins Unbekannte machen, lernen wir mehr über die nächsten Schritte und über den immer besseren Umgang mit Ungewissheit. Denn gerade dafür sind komplexitätsgerechte Methoden und Modelle mit ihren Feedbacks angelegt. Der Weg entsteht also beim Gehen – und prägt das, was entsteht.

LITERATUR

Ashby, W. R., *An Introduction to Cybernetics*, London 1956.

Bateson, Gregory, *Mind and Nature: A Necessary Unity (Advances in Systems Theory, Complexity, and the Human Sciences)*, Hampton 1979.

Steps to an Ecology of Mind, New York 1972.

Beer, Stafford, *Beyond Dispute, The Invention of Team Syntegrity*, Chichester 1994.

Brain of the Firm. The Managerial Cybernetics of Organization, Chichester 1972, 1994.

Cybernetics and Management, London 1959.

Platform for Change, London 1975.

Bresch, Carsten, *Zwischenstufe Leben – Evolution ohne Ziel?*, München 1977.

Dörner, Dietrich, *Logik des Misslingens. Strategisches Denken in komplexen Situationen*, Reinbek bei Hamburg 1989, akt. Aufl. 2004

Drucker, Peter F., *Management*, London 1973.

Post-Capitalist Society, New York 1993.

The Future of Industrial Man, New York 1942.

»We need Middle-Economics«, in: Krieg, Walter/Galler, Klaus/Stadelmann, Peter (Hrsg.), *Richtiges und gutes Management: vom System zur Praxis*, Festschrift für Fredmund Malik, Bern/Stuttgart/Wien 2004.

Foerster, Heinz von, *KybernEthik*, Berlin 1993.

Frankl, Viktor, *Der Mensch vor der Frage nach dem Sinn*, München 1979, 3. Aufl. 1982.

Gross, Peter, *Die Multioptionsgesellschaft*, Frankfurt am Main 1994, 10. Aufl. 2005.

Hayek, Friedrich A. von, »Die verhängnisvolle Anmassung. Die Irrtümer des Sozialismus«, in: Bosch, Alfred/Streit Manfred E./Vanberg, Viktor/Veit, Reinhold (Hrsg.), *Friedrich A. von Hayek. Gesammelte Schriften in deutscher Sprache*, Band 7, Tübingen 1988, 2011.

Law, Legislation and Liberty, Band 1-3, Chicago 1976.

Heinsohn, Gunnar, *Söhne und Weltmacht*, Zürich 2006

Heinsohn, Gunnar/Steiger, Otto, *Eigentumsökonomik*, Marburg 2006.

Krieg, Walter, *Kybernetische Grundlagen der Unternehmungsorganisation*, Bern 1971.

Marchetti, Cesare, »Fifty-Year Pulsations in Human Affairs«, in: *Futures* 17(3): 376 – 388.

Intelligence at Work, Life Cycles for Painters, Writers and Criminals, Conference on the Evolutionary Biology of Intelligence.

Maucher, Helmut/Malik, Fredmund/Farschtschian, Farsam, *Maucher und Malik über Management. Maximen unternehmerischen Handelns*, Frankfurt/New York 2012.

Popper, Karl R., *Die offene Gesellschaft und ihre Feinde*, 2 Bände, Bern 1958.

Eine Welt der Propensitäten, Tübingen 1995.

Polanyi, Karl, [*The Origins of Our Time*] *The Great Transformation*, New York 1944.

Prechter, Robert, Jr., *Pioneering Studies in Socionomics*, 2003.

The Wave Principle of Human Social Behavior and the New Science of Socionomics, 1999.

Riedl, Rupert, *Die Ordnung des Lebendigen, Systembedingungen der Evolution*, Hamburg/Berlin 1975.

Strukturen der Komplexität. Eine Morphologie des Erkennens und Erklärens, Berlin/Heidelberg 2000.

Schumpeter, Joseph, *Capitalism, Socialism and Democracy*, London 1950.

Ulrich, Hans/Krieg, Walter, »Das St. Galler Management-Modell«, 1972; wiederveröffentlicht in: Ulrich, Hans, *Gesammelte Schriften*, Band 2, Bern/Stuttgart/Wien 2001.

Vester, Frederic, *Die Kunst vernetzt zu denken*, München 2007.

Neuland des Denkens, Stuttgart 1980.

Sensitivitätsmodell, Frankfurt 1980.

Wiener, Norbert, *Cybernetics or control and communication in the animal and the machine*, Cambridge 1948.

AUSGEWÄHLTE LITERATUR VON FREDMUND MALIK

Die Neue Corporate Governance. Richtiges Top-Management – Wirksame Unternehmensaufsicht, Frankfurt am Main 1997, neu überarbeitete Aufl. 2008.

Führen Leisten Leben. Wirksames Management für eine neue Welt, Frankfurt am Main/New York, 2000, neu überarbeitete 30. Aufl. 2014.

Strategie des Managements komplexer Systeme – Ein Beitrag zur Management-Kybernetik evolutionärer Systeme, Bern/Stuttgart 1984, 11. Aufl. 2015.

Wenn Grenzen keine sind. Management und Bergsteigen, Frankfurt a.M./New York 2014.

Reihe »Management: Komplexität meistern«:

Band 2: *Unternehmenspolitik und Corporate Governance. Wie Organisationen sich selbst organisieren*, Frankfurt/New York 2008, akt. Aufl. 2013.

Band 3: *Strategie. Navigieren in der Komplexität der Neuen Welt*, Frankfurt/New York 2011, akt. Aufl. 2013.

REGISTER